Robert Dawe

O sistema de recifes da Barreira Mesoamericana

Robert Dawe

O sistema de recifes da Barreira Mesoamericana

A influência do aumento da temperatura da superfície do mar no branqueamento dos recifes de coral

ScienciaScripts

Imprint

Cover image: www.ingimage.com

This book is a translation from the original published under ISBN 978-3-659-86261-8.

Publisher:
Sciencia Scripts
is a trademark of
Dodo Books Indian Ocean Ltd. and OmniScriptum S.R.L publishing group

120 High Road, East Finchley, London, N2 9ED, United Kingdom
Str. Armeneasca 28/1, office 1, Chisinau MD-2012, Republic of Moldova, Europe
Printed at: see last page
ISBN: 978-620-8-36279-9

Conteúdo

Resumo

Os recifes de coral são um dos ecossistemas mais importantes do ponto de vista ecológico, albergando 25% de todas as espécies marinhas conhecidas. No entanto, devido ao aumento da temperatura da superfície do mar, a sua existência no futuro é incerta. O aumento da temperatura da superfície do mar provoca o branqueamento dos corais, o que pode levar a uma maior mortalidade dos mesmos. Quando as temperaturas da superfície do mar são significativamente elevadas durante períodos prolongados, podem ocorrer fenómenos de branqueamento em massa, afectando grandes áreas de recifes de coral. As temperaturas da superfície do mar no sistema da Barreira de Coral Mesoamericana têm vindo a aumentar desde a década de 1970 e prevê-se que aumentem ainda mais nos próximos 100 anos. Se o aumento da temperatura da superfície do mar projetado para os próximos 100 anos for acompanhado por períodos frequentes de temperaturas elevadas sustentadas, os eventos de branqueamento em massa dos corais tornar-se-ão consideravelmente mais frequentes e graves. Os modelos de fenómenos extremos são utilizados para simular as variações previstas da temperatura da superfície do mar, juntamente com a tendência anual global.

Capítulo 1. Introdução

Ocupando cerca de 284.300 a 600.000 km^2 da superfície do oceano (Hoegh-Guldberg, 2005), os recifes de coral são um habitat importante para aproximadamente um quarto de todas as espécies marinhas (Pereira, 2008). No entanto, as temperaturas globais da superfície do mar estão a aumentar a um ritmo sem precedentes, principalmente devido às alterações climáticas induzidas pelo homem (Trenberth *etal.*, 2007). Quando as temperaturas atingem um determinado limiar durante um período de tempo prolongado, ocorre o branqueamento dos corais (Goreau e Hayes, 1994). Esta investigação será específica para o branqueamento de corais no Sistema da Barreira de Coral Mesoamericana (MAR), localizado no noroeste do Mar das Caraíbas.

O sistema de recifes, com 1000 km de comprimento, estende-se ao longo das fronteiras das Honduras, Guatemala, Belize e México, desde a costa norte das Honduras até à costa nordeste de Quintana Roo, no México (Garcia-Salgado *et al.*, 2008). A Figura 1 mostra a localização do sistema de recifes, realçado a vermelho.

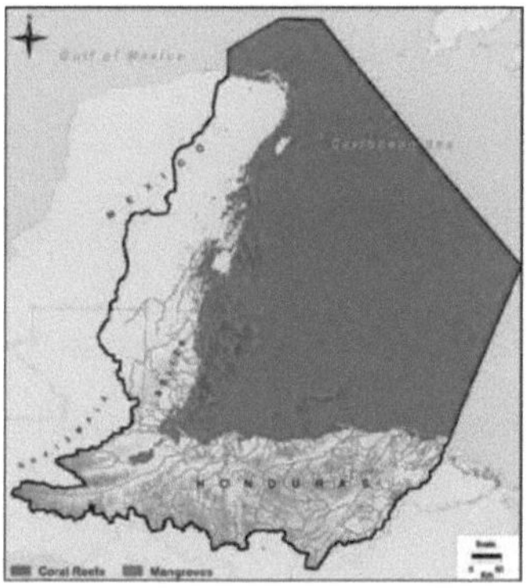

Figura 1: Mapa da Barreira de Coral Mesoamericana nas Caraíbas Ocidentais (The Summit Foundation, 2002)

Capítulo 2. Finalidades e objectivos

O objetivo do projeto é investigar a relação entre as temperaturas da superfície do mar e o branqueamento dos recifes de coral.

Os objectivos do projeto são determinar se existe uma correlação entre a temperatura da superfície do mar e o branqueamento dos recifes de coral no sistema da Barreira de Coral Mesoamericana. Isto será conseguido através da recolha de dados secundários que mostram a relação entre o aumento da temperatura da superfície do mar e o branqueamento dos corais no recife.

Além disso, serão criados modelos de eventos extremos para investigar os potenciais impactos do aumento projetado da temperatura da superfície do mar no branqueamento dos recifes de coral.

Capítulo 3. Revisão da literatura

3.1 Temperaturas da superfície do mar

A principal causa natural da alteração da temperatura da superfície do mar (TSM) é a variação da intensidade da irradiância solar (Trenberth *et al.*, 2007). Vários factores podem maximizar a irradiância solar e, por conseguinte, aumentar a TSM. As influências mais comuns são as alterações no volume de certas condições atmosféricas, como a cobertura de nuvens e o volume de aerossóis vulcânicos (Lohmann *et al.*, 2004). Quando estas condições climáticas se encontram em níveis mínimos, é possível uma maior intensidade de penetração da luz solar, resultando num aumento da irradiância solar e da temperatura da superfície do mar. As condições na camada superior do oceano também influenciam as variações da irradiância solar. Por exemplo, a variação da turvação da água afecta a quantidade de luz solar que é absorvida ou reflectida (Kirk, 1985). Como resultado, a temperatura da superfície do mar é alterada. O mesmo acontece com as variações na presença de macroalgas no oceano, que criam uma sombra para os recifes (Birrell *et al.*, 2008). Entre os factores mais complexos que afectam a irradiância solar contam-se os fenómenos oceano-atmosfera, como o El Nino Southern Oscillation (ENSO), que resultam em elevações regionais sustentadas da SST (Glynn, 1996). Ocorrendo a cada 3-4 anos, o evento ENSO, comummente designado por El Nino, aquece vastas áreas do Oceano Pacífico, provocando indiretamente aumentos da TSM nos oceanos de todo o mundo, o que resulta em grandes eventos de branqueamento nas Caraíbas e no Oceano Índico durante os anos de El Nino (Stone *et al.*, 1999).

Sheppard (2005) demonstrou que as temperaturas da superfície do mar no Oceano Atlântico tropical têm vindo a aumentar desde a década de 1970. A figura 2 mostra as temperaturas da superfície do mar medidas nas Caraíbas desde o início da década de 1980.

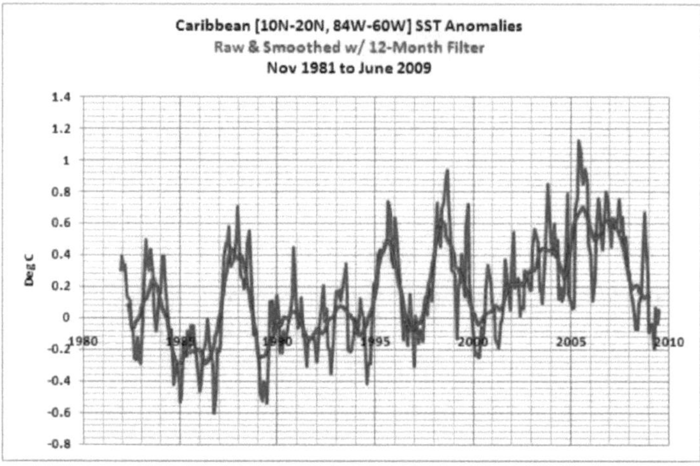

Figura 2: Variação das temperaturas da superfície do mar nas Caraíbas desde 1982 (NOAA, 2009).

A Figura 2 ilustra que as temperaturas da superfície do mar na região aumentaram desde o início da década de 1980. No entanto, a Figura 2 também mostra um nível significativo de variação, com fluxos de temperatura ao longo dos 27 anos.

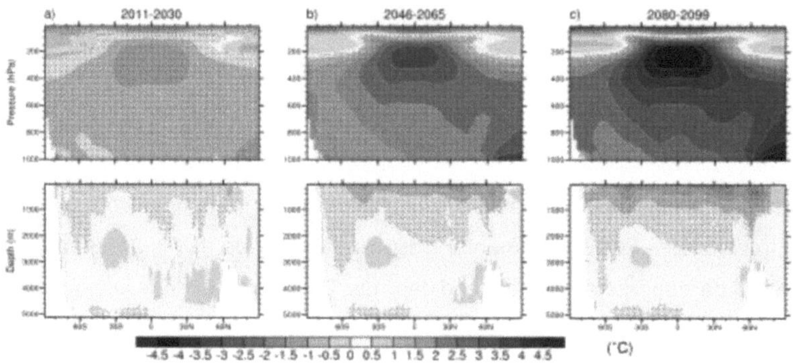

Figura 3: Alteração projectada das temperaturas atmosféricas e oceânicas globais ao longo de três períodos de tempo (Meehl et al., 2007).

Kattenberg *et al.* (1996) alertam para o facto de, globalmente, se prever que as temperaturas da superfície do mar aumentem 1-2° C no próximo século. Esta projeção é apoiada pela Figura 3, que mostra que existe uma correlação positiva entre o aumento previsto da temperatura na atmosfera e o aumento das temperaturas no oceano superior. Mostra também que se prevê que as temperaturas da superfície do mar na latitude equivalente ao sistema da Barreira de Coral Mesoamericana (que se estende de aproximadamente 16° 00' N a 21° 30' N) aumentem 1,5-2° C até 2080-2099.

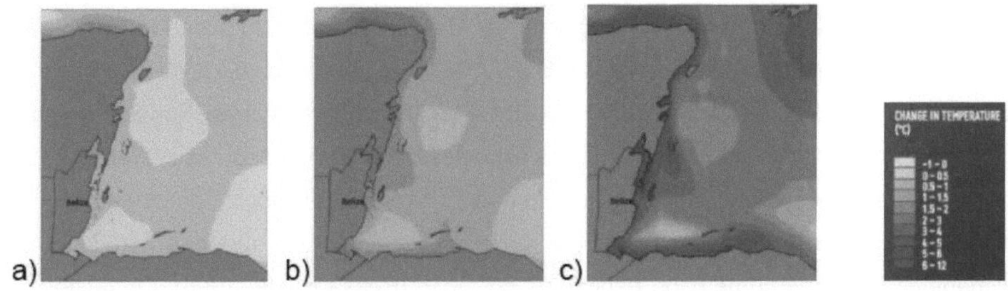

Figura 4: Projecções das temperaturas da superfície do mar no Noroeste das Caraíbas em a) julho de 2020, b) julho de 2050 e c) julho de 2099, segundo o cenário climático SRES A2 (INSMET, 2009).

O PRECIS (Providing Regional Climates for Impact Studies) é um modelo climático regional em linha fornecido pelo Instituto de Meteorologia da República de Cuba (INSMET). O modelo mostra um aumento significativo das temperaturas da superfície do mar entre 2011 e 2099 em relação a uma linha de base de 1961-1990. A Figura 4 mostra o aumento das temperaturas da superfície do mar previsto para o noroeste das Caraíbas em 2020, 2050 e 2099. A Figura 4(c) mostra que, em 2099, as temperaturas no oceano que rodeia o sistema da Barreira de Coral Mesoamericana serão 6-12° C superiores às temperaturas de referência.

O aumento das temperaturas da superfície do mar previsto para as Caraíbas neste século terá numerosos efeitos diretos e indirectos no ambiente (Birrel *et al.*, 2008). Entre as consequências mais preocupantes está o aumento do branqueamento dos recifes de coral (Bernhard *etal.*, 2009).

3.2 Branqueamento dos recifes de coral

Figura 5: Localização dos recifes de coral do mundo marcados por pontos vermelhos, fonte

(NOAA, 2008b).

Os recifes de coral estão entre os ecossistemas mais importantes do oceano (Fujita *et al.*, 1992). Tipicamente localizados entre 30° S e 30° N, ocupam apenas 0,2% da superfície do oceano (Fujita *et al.*, 1992). A Figura 5 mostra a localização dos ecossistemas de recifes de coral do mundo. Lar de 25% de todas as espécies marinhas conhecidas (Pereira, 2008), os recifes de coral são um dos habitats com maior diversidade biológica do planeta (Stone *et al,* 1999). A estrutura complexa do recife proporciona um abrigo e um local de alimentação para os numerosos habitantes do recife (Reaka-Kudla, 1996). Os recifes de coral atingem taxas elevadas de produtividade bruta, disponibilizando assim uma quantidade substancial de alimentos para sustentar os organismos do recife (Fujita *et al.*, 1992).

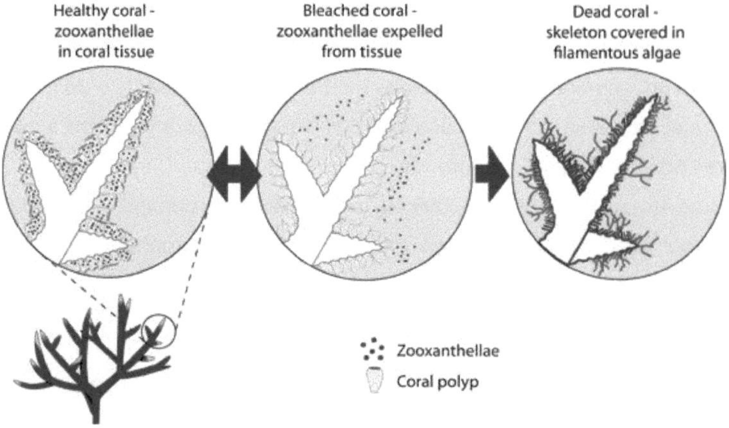

Figura 6: O efeito do branqueamento numa secção de coral (da ***The Great Barrier Reef Marine Park Authority****).*

Os corais construtores de recifes contêm algas dinoflageladas minúsculas chamadas zooxantelas que vivem simbioticamente nos seus tecidos (Hoegh-Guldberg, 2005). As zooxantelas fornecem alimento e oxigénio ao seu hospedeiro coral e, em troca, as zooxantelas recebem nutrientes, dióxido de carbono e abrigo contra predadores (Stachowicz, 2001). Branqueamento é o termo utilizado para descrever a degradação dos recifes de coral como consequência do aquecimento excessivo dos oceanos (Bernhard *et al.,* 2009). Quando ocorre o branqueamento, os corais expulsam a maior parte ou a totalidade das zooxantelas, deixando apenas o esqueleto branco do coral (Wooldridge, 2009). Este processo é ilustrado na Figura 6.

Pelo facto de funcionarem extremamente perto do seu limite térmico superior, os recifes de coral são extremamente sensíveis às alterações ambientais (Pratchett *et al.*, 2008). O crescimento e o desenvolvimento dos recifes requerem uma temperatura média mínima de 20° C, enquanto as temperaturas letais se situam entre 30 e 35° C (Fujita *et al.*, 1992). O branqueamento ocorre quando as temperaturas da superfície do mar no verão aumentam apenas 1° C durante 2-3 dias (Goreau e Hayes, 1994). Embora os ecossistemas dos recifes de coral sejam muito sensíveis às alterações ambientais, são também extremamente resistentes. Os corais branqueados podem muitas vezes voltar ao seu estado original, não branqueado, dependendo do aumento elevado e prolongado da temperatura do oceano (Pirrel *et al.*, 2008). A Figura 7 ilustra os factores de temperatura e tempo necessários para tal.

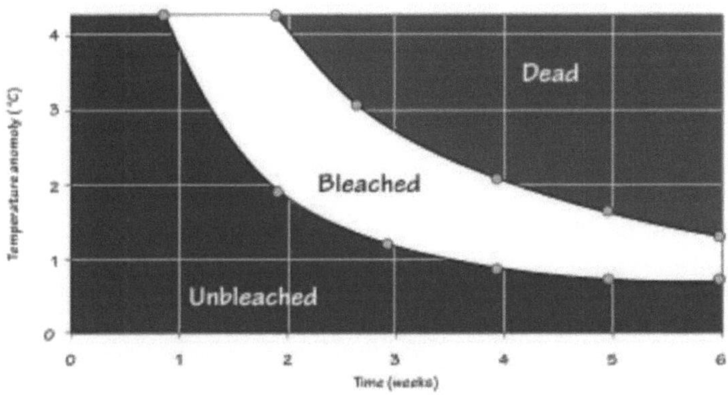

Figura 7: O aumento da temperatura e o tempo necessário para provocar o branqueamento e a morte dos corais (Marshall e Schuttenberg, 2006).

Quando grandes áreas do oceano aquecem a temperaturas invulgarmente elevadas, enormes áreas de recifes de coral podem ficar branqueadas, resultando em eventos de branqueamento em massa (Marshall e Schuttenberg, 2006). Os eventos de branqueamento em massa em grande escala só começaram a ser registados no início da década de 1980 e têm aumentado de intensidade e gravidade desde então (Hoegh-Guldberg, 2005). Prevê-se que os fenómenos de branqueamento em massa aumentem com a subida das temperaturas globais (Pelley, 2006), o que suscita preocupações de que estes fenómenos se tornem uma ameaça cada vez mais grave para os recifes de coral (Marshall e Schuttenberg, 2006). Na altura, o grande evento de branqueamento de 1997-8, influenciado pelo El Niño, foi o mais generalizado em termos geográficos jamais registado (Australian Institute of Marine Science, 1998), causando danos catastróficos em muitos recifes de todo o mundo, incluindo a Barreira de Coral Mesoamericana (Marshall e Schuttenberg, 2006). O branqueamento foi observado em cerca de 20-25% dos recifes de coral ao largo da costa do Belize (Bright e McField, 1998). O branqueamento dos corais tornou-se um fenómeno comum em todo o mundo desde 1998 (Marshall e Schuttenberg, 2006). No entanto, desde 1998, registaram-se fenómenos graves de branqueamento em massa, alguns ainda mais prejudiciais. A figura 8 mostra que a gravidade dos fenómenos de branqueamento em massa aumentou significativamente entre 1998 e 2006.

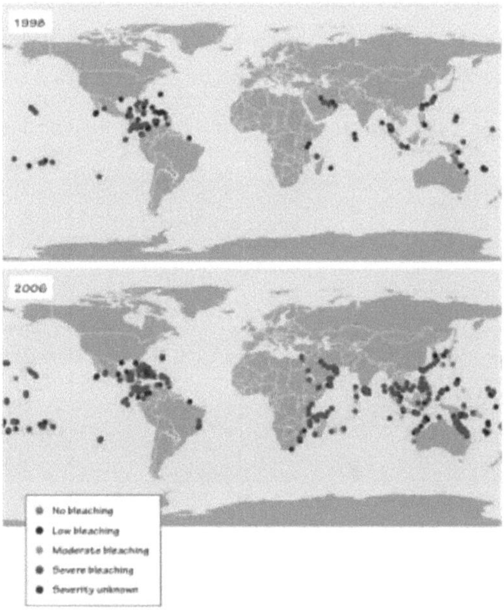

Figura 8: A gravidade e a localização dos fenómenos de branqueamento em massa em 1998 e 2006 (Marshall e Schuttenberg, 2006).

Em 2005, ocorreu um grande evento de branqueamento nas Caraíbas, o mais extremo alguma vez registado na área, resultando numa morte significativa de corais em grande parte da região (Garcia-Salgado *et al.*, 2008). Ao contrário da maioria dos outros recifes das Caraíbas, a mortalidade dos corais na Barreira de Coral Mesoamericana foi reduzida ou nula (Garcia-Salgado *et al.*, 2008). Em contrapartida, o evento de branqueamento de 1998 resultou numa redução de 50% da cobertura de coral em Belize (Garcia-Salgado *et al.*, 2008). A cobertura de coral em todo o recife permanece baixa (aproximadamente 15%), com pouca ou nenhuma recuperação identificada das perdas de 1998 (Garcia-Salgado *et al.*, 2008).

As previsões do relatório do Painel Intergovernamental sobre as Alterações Climáticas

(IPCC) de 2007 indicam que as condições extremas de 2005 não serão um acontecimento isolado.

A figura 9 representa a previsão mais recente da NOAA sobre as perspectivas de branqueamento dos corais para o período de março a junho de 2010. Mostra que a maior parte do branqueamento deverá ocorrer no sudoeste do Oceano Pacífico e no sul do Oceano Índico. A figura 10 mostra que se prevê um potencial branqueamento dos corais na maior parte das Caraíbas, com um potencial branqueamento generalizado e grave nos recifes do sul das Caraíbas. No entanto, não é evidente qualquer branqueamento na região MAR.

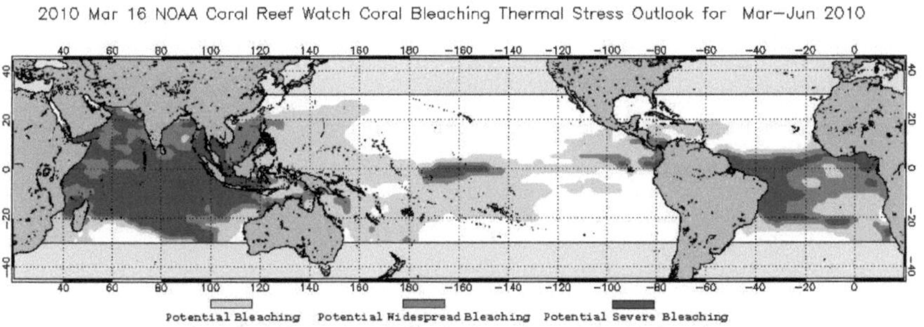

Figura 9: Perspetiva de branqueamento global dos corais para março a junho de 2010 (NOAA, 2010g)

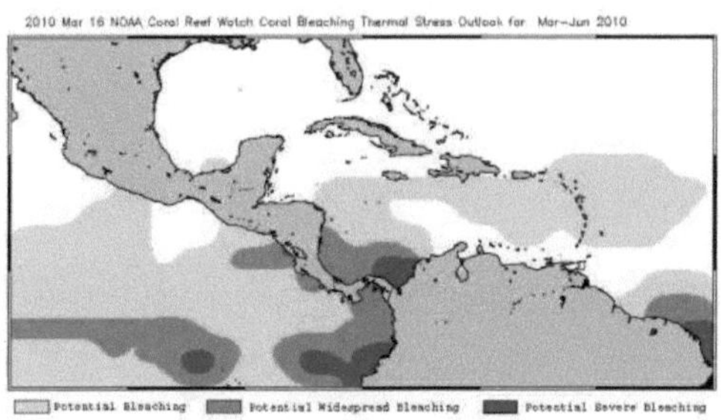

Figura 10: Previsão de branqueamento de corais na região das Caraíbas para março a junho de 2010 (NOAA, 2010g)

Os modelos de eventos extremos são utilizados para simular cenários climáticos futuros, tais como o aumento da SST. Utilizando estes modelos, é possível determinar a influência do aumento projetado da TSM no branqueamento de corais no MAR. Uma Simulação de Monte Carlo é um modelo de eventos extremos que mostra as flutuações que podem ser esperadas para um determinado aumento médio anual da TSM.

Capítulo 4. Metodologia

A fim de determinar se existe uma correlação entre as temperaturas da superfície do mar e o branqueamento dos recifes de coral, são necessários dados relevantes. Devido à impraticabilidade de realizar trabalho de campo no sítio MAR, todos os dados de SST e branqueamento são de fontes secundárias disponibilizadas através da Internet.

A observação e a projeção da SST foram investigadas em locais específicos do MAR, enquanto as ocorrências observadas e projectadas de branqueamento foram investigadas em todo o recife. Os dados históricos de SST serão específicos para 19° N, 87° W, uma área perto de Banco Chinchorro, México. Os dados históricos de SST para o modelo de evento extremo serão específicos de Glover, Belize. A TSM projectada foi a média de quatro locais individuais ao longo do recife Mesoamericano mostrado na figura 11, nomeadamente Puerto Morelos e Banco Chinchorro no México, Glovers no Belize e Bay Islands nas Honduras. Cada local tem uma área de 2° latitude por 2° longitude.

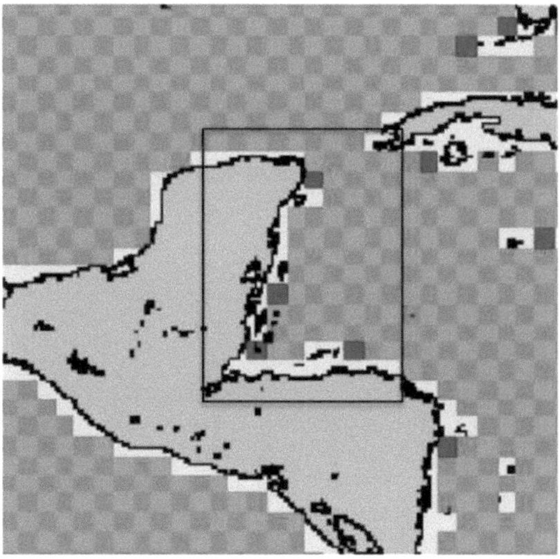

Figura 11: Os quatro sítios investigados, assinalados pelos quatro quadrados vermelhos dentro da caixa (NOAA, 2010f). No sentido dos ponteiros do relógio, a partir do topo: Puerto Morelos (21.0° N, 86.5° W), Ilhas da Baía

(16.5° N, 85.5° W), Glovers (16.5° N, -88.0° W) e Banco Chinchorro (18.0° N, 87.5° W).

4.1 Metodologia para obter dados sobre a temperatura da superfície do mar

Os dados de SST foram obtidos a partir de medições efectuadas pela National Oceanic and Atmospheric Administration (NOAA) em 19° N, 87° W de janeiro de 1970 a dezembro de

2007. Esta coordenada situa-se perto do Banco Chinchorro, um recife situado ao largo da Península de Yucatan, no México, como se pode ver na figura 12.

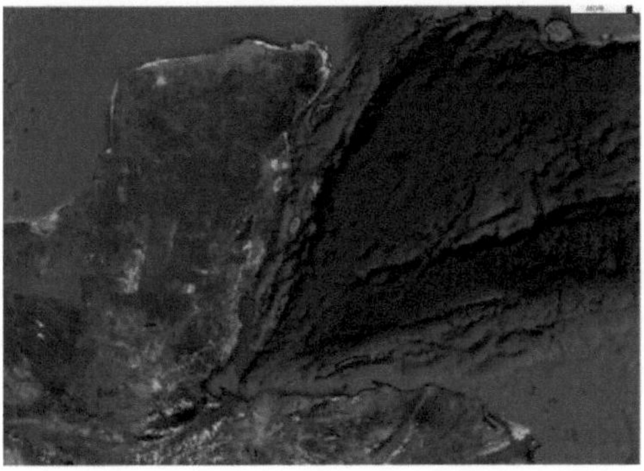

Figura 12: Localização de 19° N, 87° W no MAR, assinalada pela seta verde (TerraMetrics, 2010).

Os dados de SST foram descarregados da Divisão de Ciências Físicas do Laboratório de Investigação de Sistemas Terrestres (ESRL), um laboratório da Administração Nacional Oceânica e Atmosférica (NOAA). O ficheiro de dados específico descarregado foi o ICOADS (International Comprehensive Ocean-Atmosphere Data Set) 2-degree Standard Monthly Mean sea surface temperature. O ficheiro está disponível no seguinte sítio Web:

http://www.esrl.noaa.gov/psd/cgi-bin/db search/SearchMenus.pl

Figura 13: Localização do ficheiro de dados SST do ICOADS no sítio Web do ESRL. O ficheiro de dados investigado foi o Monthly Mean Sea Surface Temperature (sst.mean.nc).

Uma vez que o ficheiro de dados está no formato .nc, é acedido através do programa Panoply da NASA, uma aplicação que plota matrizes de dados em grelha (NASA, 2010). A

Figura 14 mostra o ficheiro de dados SST do ICOADS no programa Panoply.

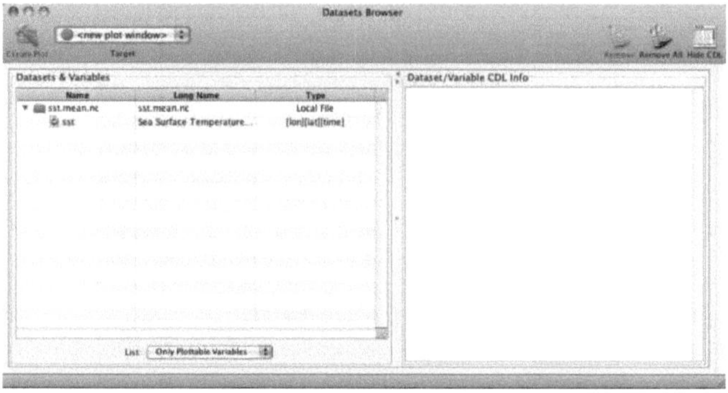

Figura 14: Ficheiro de dados ICOADS (sst.mean.nc) na interface Panoply.

A figura 15 ilustra o conjunto de dados ICOADS em grelha, representados no programa Panoply. As leituras do conjunto de dados foram efectuadas em 19° N, 87° W todos os meses de janeiro de 1970 a dezembro de 2007 e introduzidas numa folha de cálculo Excel, como ilustrado na figura 16.

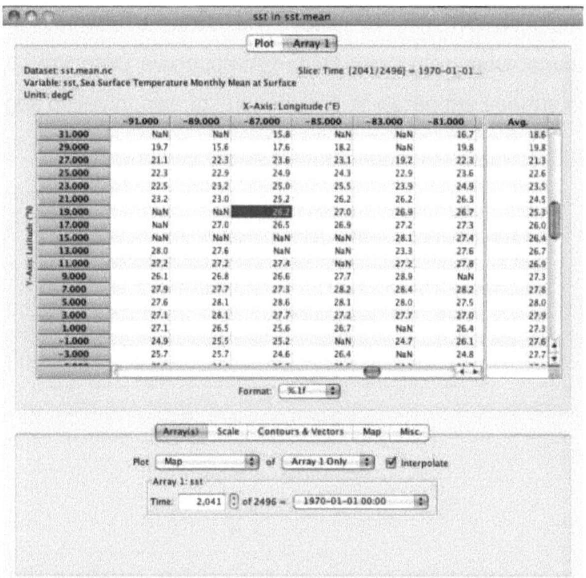

Figura 15: Conjunto de dados SST do ICOADS representados no programa Panoply. O número destacado é a SST na coordenada pretendida em janeiro de 1970.

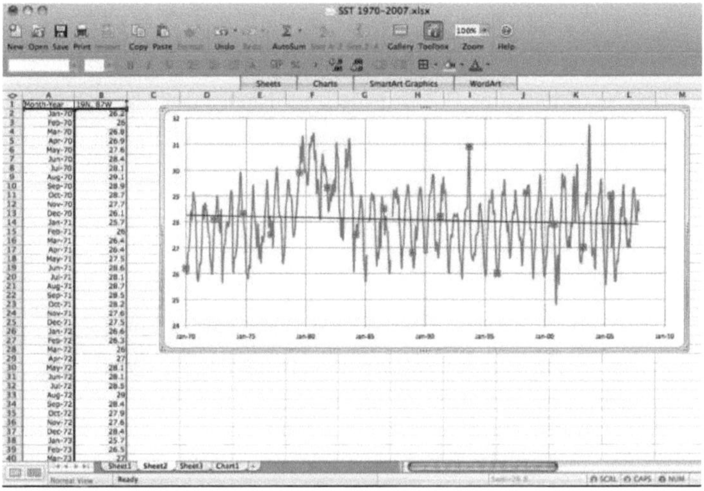

Figura 16: Dados SST obtidos do Panoply e o gráfico associado apresentado na figura 29.

Os dados históricos de TSM utilizados para este estudo provêm do International Comprehensive Ocean-Atmosphere Data Set (ICOADS), uma extensa coleção de dados da superfície oceânica (NOAA, 2010d) gerida conjuntamente pelo National Science Foundation's National Centre for Atmospheric Research e pela National Oceanic and Atmospheric Administration (NOAA) (NCAR, 2010). Os dados ICOADS são obtidos através da fusão de dados complementares de satélite e in situ (NOAA, 2010d). Os satélites de órbita polar da NOAA medem a radiação infravermelha dos 500 pm superiores do oceano, a camada conhecida como a "pele" do oceano (Wick e Donlon, 2005). As observações são efectuadas apenas à noite, para eliminar o efeito do brilho solar e reduzir a variação causada pelo aquecimento durante o dia (NOAA, 2008a). A SST é medida in situ por bóias ancoradas e flutuantes, que efectuam observações na camada superficial do oceano a cerca de 1 metro abaixo da superfície do oceano. Por conseguinte, as medições podem ser efectuadas de dia ou de noite.

4.2 Metodologia para obter o registo do El Nino

O El Nino Oscilação Sul tem um impacto significativo nos oceanos de todo o mundo (Garcia e Alvarez, 1990). Para explorar o efeito potencial sobre a temperatura da superfície do mar e o branqueamento dos corais no MAR, o registo histórico do El Nino foi obtido do Centro de Previsão Climática da Administração Nacional Oceânica e Atmosférica (NOAA). O registo apresenta a média de 3 meses das anomalias de SST na região 3.4 do El Nino, de dezembro de 1949 a fevereiro de 1950 a dezembro de 2009 a fevereiro de 2010. Como mostra a figura 17, a região 3.4 do El Niño é uma área no Pacífico equatorial designada pelo Centro de Previsão Climática, localizada a 5° N - 5° s, 120° w - 170° w. Um evento El Nino é definido como um período de pelo menos 5 estações consecutivas em que as anomalias de SST excedem 0,5° C. Um evento La Nina é definido como um período de pelo menos 5 estações consecutivas em que as anomalias de SST são inferiores a -0,5° C.

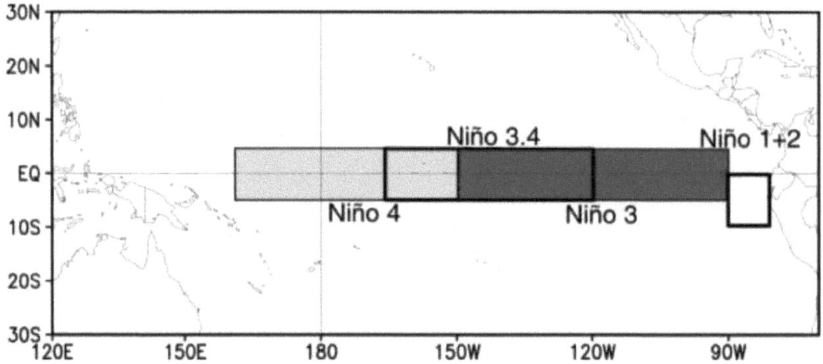

Figura 17: Localização da região do Nino 3.4, representada pelo retângulo a negrito (NOAA, 2005).

4.3 Metodologia para obter dados sobre eventos de branqueamento

As observações do branqueamento dos corais foram obtidas a partir do Sistema de Informação Geográfica Online da ReefBase (ReefGIS), que permite a visualização de uma variedade de dados relacionados com os recifes de coral num mapa interativo (ReefBase, 2010a). A figura 18 apresenta o programa ReefGIS.

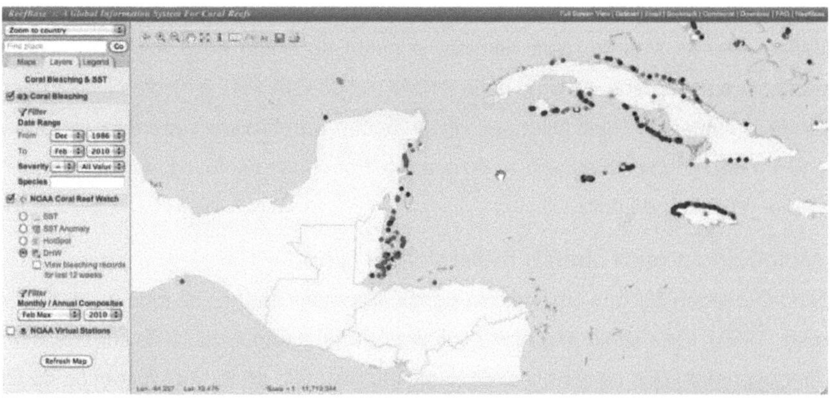

Figura 18: O programa ReefGIS da ReefBase, que mostra todas as ocorrências de branqueamento de corais registadas no noroeste das Caraíbas (ReefBase, 2007).

A base de dados inicial do ReefGIS foi compilada pelo UNEP-WCMC utilizando uma variedade de fontes. Desde então, o Dr. J. Oliver e o Sr. Y. Yusuf do World Fish Centre alargaram a base de dados, utilizando informações da base de dados ReefBase, da Coral List e de outras fontes de informação. Qualquer pessoa pode registar-se no ReefBase e adicionar as suas observações de branqueamento de corais através do Formulário de Branqueamento de Corais (ReefBase, 2010c). O formulário informa os observadores de que o branqueamento dos corais ocorre durante períodos de tempo quente e calmo e que os corais branqueados parecem brancos ou extremamente pálidos em comparação com a sua cor acastanhada natural (ReefBase, 2010b).

As ocorrências de branqueamento são codificadas por cores de acordo com a sua gravidade. Os cinco valores de gravidade são baixo (azul), médio (amarelo), alto (vermelho), sem branqueamento (verde) e desconhecido (cinzento).

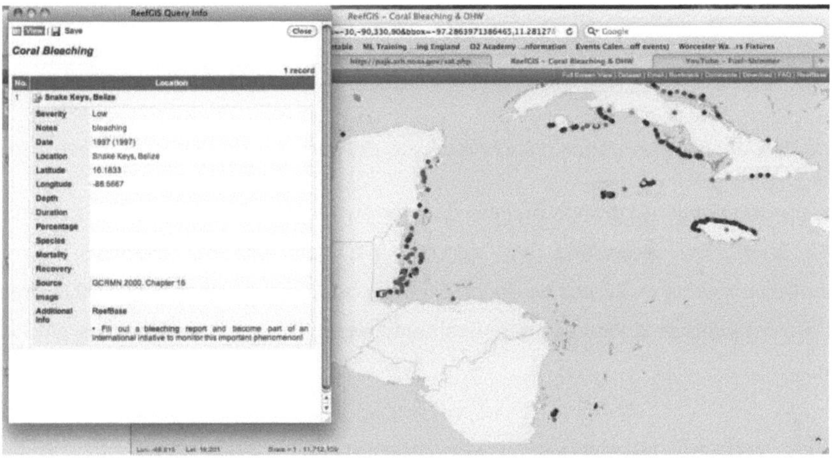

Figura 19: Janela de informação para uma ocorrência de branqueamento no programa ReefGIS (ReefBase, 2007).

Quando uma ocorrência de branqueamento é selecionada no programa ReefGIS, aparece uma nova janela com informações sobre cada ocorrência, como mostra a figura 19. As informações necessárias para a investigação, incluindo o ano e a data, a localização (latitude e longitude), a gravidade e o nome do recife, foram reunidas numa folha de cálculo para análise posterior.

As ocorrências de branqueamento de corais só foram registadas até 1st de julho de 2007, ou seja, antes da época do ano típica para as ocorrências de branqueamento de corais. Por conseguinte, o número de ocorrências registadas em 2007 é insignificante.

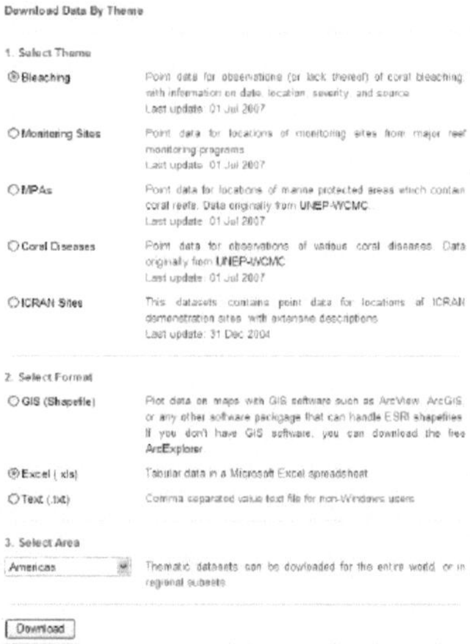

Figura 20: Conjuntos de dados disponíveis para descarregar do Reef GIS (ReefBase, 2007).

Como consequência do grande número de ocorrências de branqueamento registadas em alguns anos, foi necessário um método mais eficiente. O ReefGIS permite o descarregamento de conjuntos de dados específicos, como mostra a figura 20. A figura 21 mostra o conjunto de dados de branqueamento específico para as Américas em formato Excel.

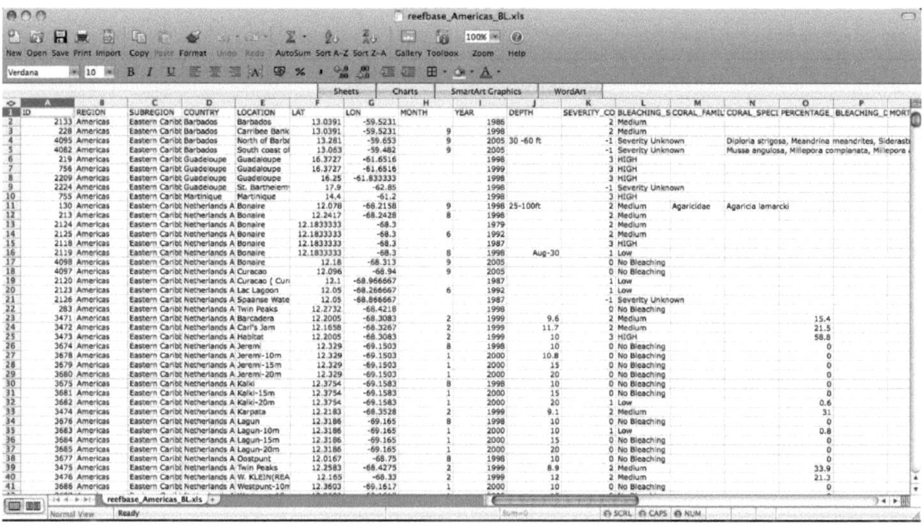

Figura 21: Folha de cálculo Excel mostrando o conjunto de dados de branqueamento

específico para as Américas.

4.4 Método para criar modelos de acontecimentos extremos

Os dados de SST para o modelo de evento extremo foram obtidos do programa de monitorização por satélite Coral Reef Watch da NOAA (NOAA, 2010c). Os dados são específicos de Glovers, Belize. A primeira TSM observada de cada mês, de dezembro de 2000 a janeiro de 2010, foi introduzida numa folha de cálculo Excel, como mostra a figura 22.

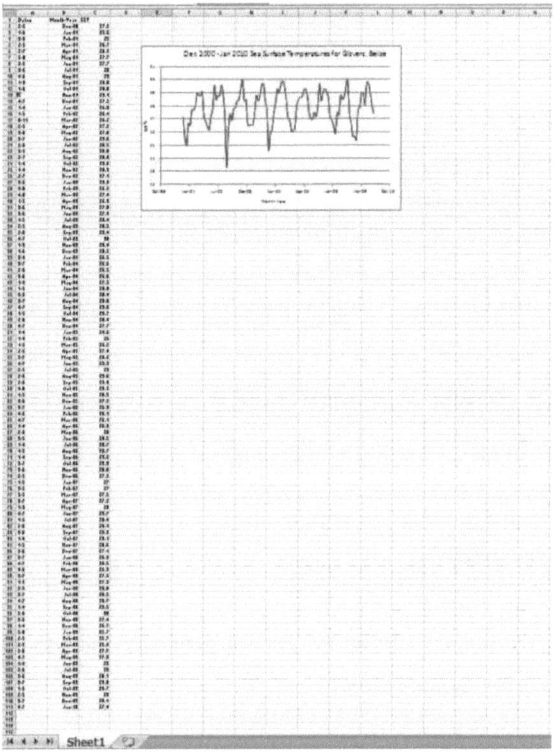

Figura 22: Folha de cálculo Excel que mostra o conjunto completo de dados para a SST mensal em Glovers, Belize, de janeiro de 2000 a dezembro de 2010. Também é mostrado o gráfico que retrata os dados, que é apresentado na figura 32.

O R é um programa utilizado para a modelação estatística. Fornece uma grande variedade de técnicas estatísticas e gráficas, tais como modelação linear e não linear, análise de séries cronológicas, *etc.*

Para aceder aos dados SST da folha de cálculo Excel da figura 22, a folha de cálculo deve ser guardada como ficheiro .csv numa pasta conhecida. No programa R, o diretório deve ser alterado para a localização do ficheiro .csv. Para carregar os dados no R, é necessário o seguinte comando na "R Console" (consola do R), mostrada na figura 23:

= mydata <- read.csv("Book1.csv")

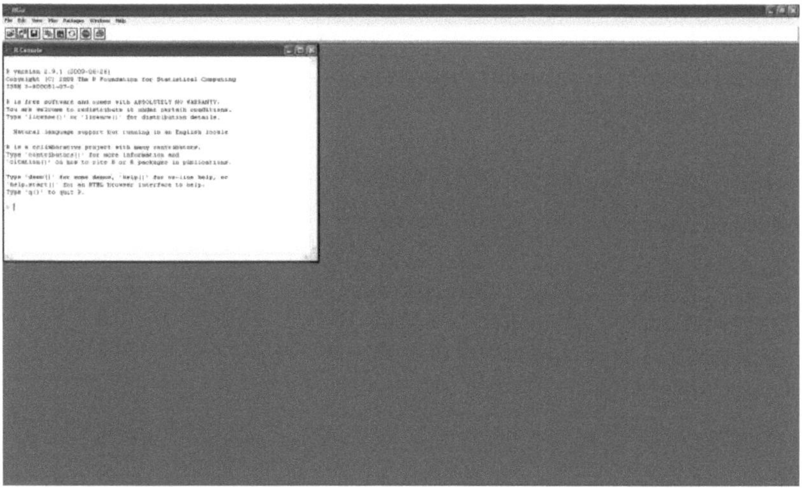

Figura 23: O programa R no arranque. A Consola R é a janela no canto superior esquerdo.

Para obter modelos de valores extremos para os dados, são necessários os seguintes comandos:

```
> require(ismev)

> SuBo <- gev.fit(mydata$SST)
> gev.diag(SuBo)
```

A Figura 24 mostra os quatro modelos de valores extremos que são adquiridos quando o comando "gev.diag(SuBo)" é introduzido.

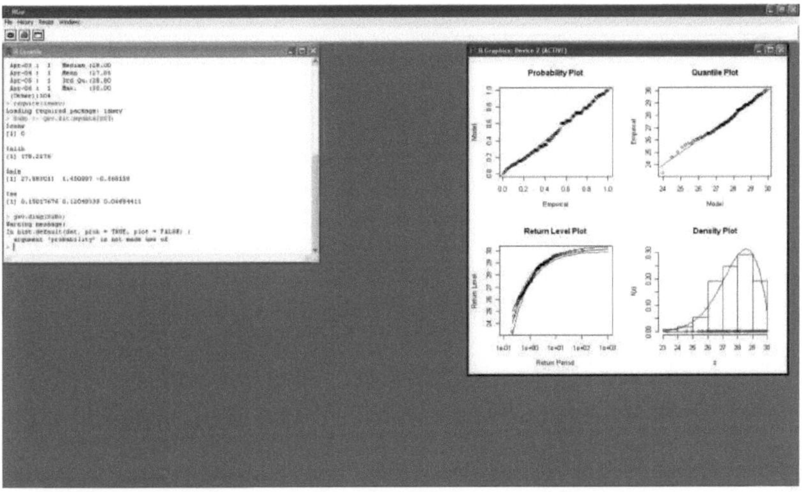

Figura 24: Modelos de valores extremos obtidos a partir do programa R.

Para criar a Simulação de Monte Carlo, é necessário o ficheiro intitulado "mcgev.R".

Assegurando que este ficheiro se encontra na mesma pasta que o ficheiro .csv, digita-se o seguinte comando:

= source("mcgev.R")

Em seguida, é necessário o seguinte comando, com a inclusão da média, forma e escala recuperadas dos comandos anteriores:

= x <- gen.gev(mean = 27.86, shape = 1.450997, scale = -0.568158)

> length(x[x > 4])

> plot(x, type = "l", main = "Glovers SST Simulation", xlab = "Hypothetical century",

+ ylab = "SST")

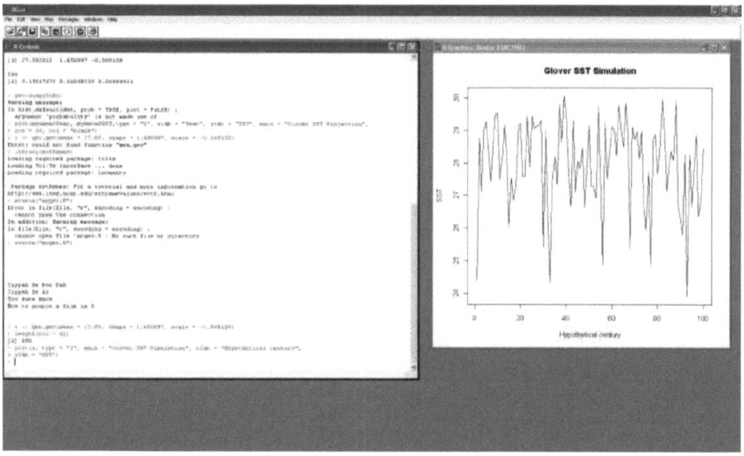

Figura 25: Simulação de Monte Carlo obtida a partir do programa R, assumindo que não há alteração da TSM média anual.

A Simulação de Monte Carlo ilustrada na figura 25 está a assumir que não há alteração média anual da SST nos próximos 100 anos. Para adicionar uma tendência, devem ser introduzidos os seguintes comandos:

= x <- gen.gev(mean = 27.86, shape = 1.450997, scale = -0.568158, trend = 0.031875)

> length(x[x > 4])

> plot(x, type = "l", main = "Glovers SST Simulation", xlab = "Hypothetical century",

+ ylab = "SST")

Foi utilizada uma tendência de 0,031875 para a Simulação de Monte Carlo apresentada na figura 26. Esta figura é a média da SST de janeiro e julho projectada para o MAR até 2100 sob o cenário climático A2 do IPCC (INSMET, 2009).

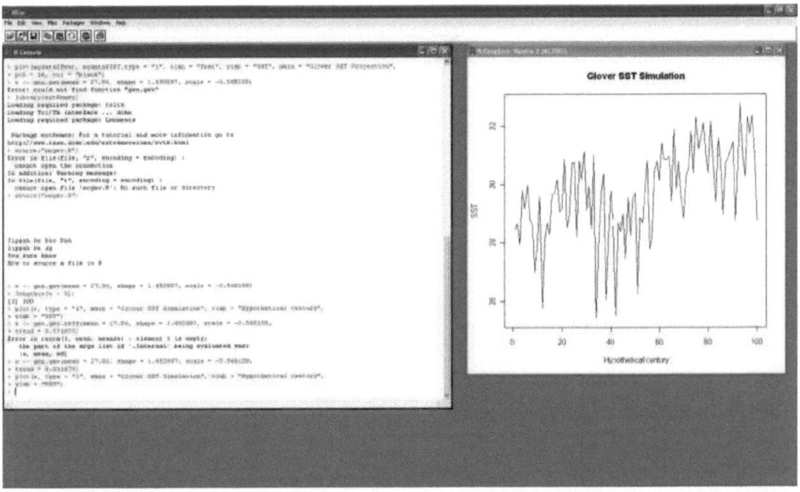

Figura 26: Simulação de Monte Carlo obtida a partir do programa R, assumindo um aumento médio anual da TSM de 0,031875º C.

4.5 Método para obter projecções de SST

As projecções de SST foram obtidas a partir do programa PRECIS Caribe operado pelo INSMET (Instituto de Meteorologia da República de Cuba). Entre outras variáveis climáticas, a base de dados fornece previsões da TSM em toda a região das Caraíbas. A figura 15 mostra o programa PRECIS Caribe.

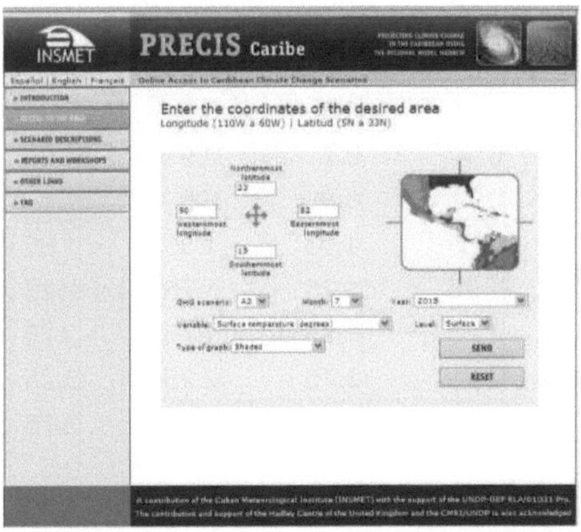

Figura 27: O programa PRECIS Caribe operado pelo INSMET (Instituto de Meteorologia da República de Cuba). O programa permite ao utilizador introduzir uma série de variáveis.

Para obter os dados, é necessário introduzir um conjunto de variáveis nos campos correspondentes, indicados na figura 27. Uma vez enviado o critério, obtém-se o diagrama ilustrado na figura 28. A figura 28 mostra o aumento da TSM projetado para julho de 2015 na região MAR.

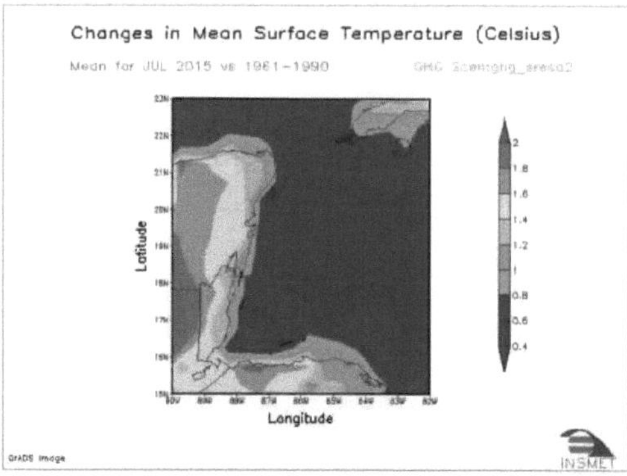

Figura 28: O diagrama adquirido após o envio do critério da figura 1. O diagrama mostra a SST projectada para julho de 2015 na região MAR.

As projecções de SST de julho foram documentadas a partir da base de dados de 10 em 10 anos, de 2015 a 2095, em Puerto Morelos, Banco Chinchorro, Glovers e Bay Islands. As projecções observadas foram depois introduzidas numa base de dados Excel para análise posterior. A Tabela 1 ilustra o aumento projetado da TSM nos quatro locais.

Tabela 1: Projecções da TSM de julho a cada 10 anos de 2015 a 2095 nas Ilhas Bay (BI), Glovers (G), Banco Chinchorro (BC) e Puerto Morelos (PM) (INSMET, 2009).

	BI	G	BC	PM
2015	0.65	0.5	0.7	0.9
2025	0.7	0.7	0.9	0.9
2035	0.7	0.9	0.9	1.1
2045	1.35	1.05	1.35	1.65
2055	1.25	1.25	1.75	2.25
2065	1.75	1.75	1.75	2.25
2075	2.25	1.75	2.25	3.25
2085	2.75	2.75	2.75	3.75
2095	2.5	3.5	3.5	3.5

4.6 Método para obter projecções de branqueamento de corais

As projecções de branqueamento de corais foram obtidas a partir do "Seasonal Coral Bleaching Thermal Stress Outlook" do NOAA Coral Reef Watch. Este produto experimental fornece uma projeção do branqueamento de corais na região das Caraíbas para os próximos três meses, actualizada de sete em sete dias.

Capítulo 5. Resultados

5.1 Dados históricos da temperatura da superfície do mar

As temperaturas da superfície do mar para o Sistema da Barreira de Coral Mesoamericana de janeiro de 1970 a dezembro de 2007 foram obtidas através da aquisição de dados observados perto de Banco Chinchorro, México. A Figura 1 mostra a SST média mensal do local acima mencionado.

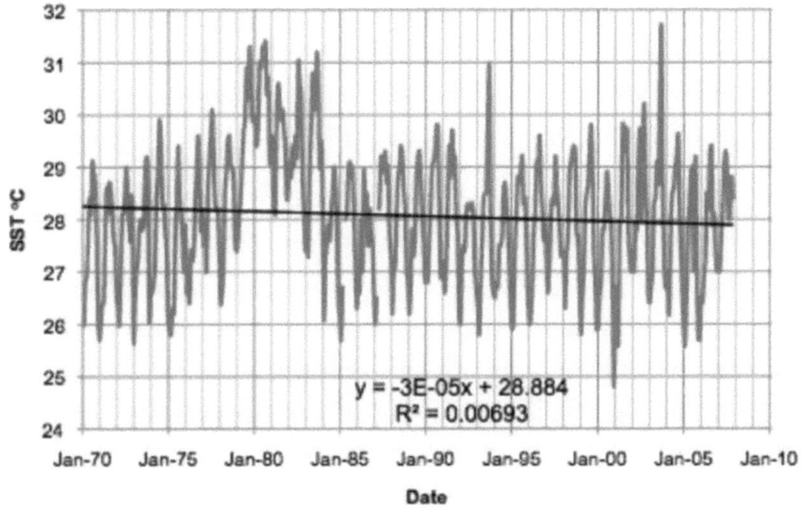

Figura 29: Média mensal da TSM no sistema da Barreira de Coral Mesoamericana 1970-2007, observada a 19º N, 87°W (NOAA, 2010e). A linha de tendência linear mostra uma pequena diminuição global da TSM na região.

A linha de tendência linear na figura 29 mostra que se registou uma diminuição global da TSM no MAR desde 1970. No entanto, com uma regressão baixa (r^2) de 0,00693, esta tendência é relativamente insignificante e é ofuscada pelas grandes flutuações da TSM que existem ao longo do período de 37 anos. De particular importância é o período sustentado de SST elevada presente de 1979 a 1983, durante o qual a SST média mensal raramente desceu abaixo de 28° C. Este período anómalo pode ser a razão para o decréscimo global mostrado pela linha de tendência.

5.2 Observação de ocorrências de branqueamento de corais

Para examinar a influência da SST no branqueamento de corais no MAR, as observações de branqueamento de corais também devem ser tidas em conta. A Figura 30 mostra o número de ocorrências de branqueamento registadas por mês no MAR.

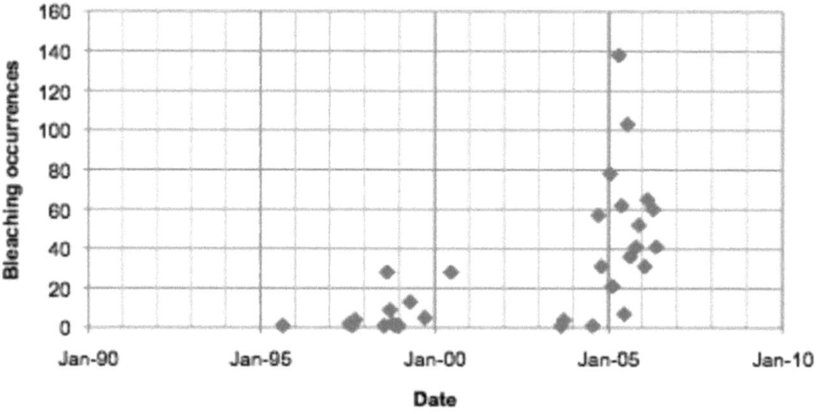

Figura 30: Número de ocorrências de branqueamento de corais registadas por mês no sistema da Barreira de Coral Mesoamericana (ReefBase, 2007)

A figura 30 ilustra um aumento geral da frequência das observações de branqueamento. Embora seja provável que esta tendência resulte do aumento da gravidade e da intensidade do branqueamento dos corais, pode também ser atribuída a uma série de outras razões:

- Avanços tecnológicos como o equipamento de mergulho e o equipamento de monitorização

- Maior conhecimento científico em termos de onde e quando o branqueamento é suscetível de ocorrer

- Maior sensibilização do público para o branqueamento dos corais, o que levou a um aumento do número de observadores

A Figura 31 compara a proporção de ocorrências de branqueamento de corais observadas que foram de elevada gravidade com as que não o foram, ou seja, as que tiveram um valor de gravidade médio, baixo, desconhecido ou sem branqueamento.

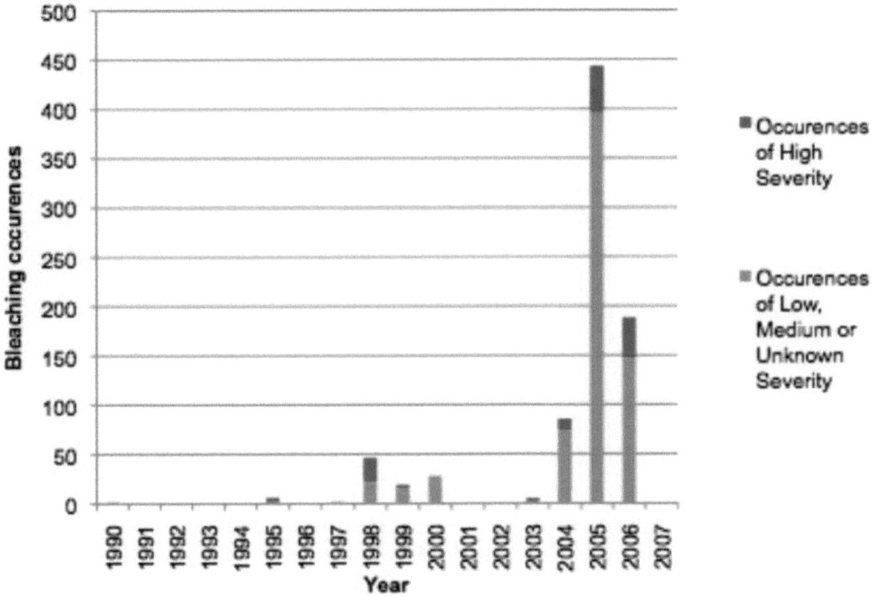

Figura 31: Número de ocorrências de branqueamento de corais registadas no sistema da Barreira de Coral Mesoamericana até 1 de julho de 2007 (ReefBase, 2007)

Em 1995, a figura 31 ilustra que 67% das ocorrências foram de elevada gravidade. No entanto, apenas um número muito reduzido de ocorrências foi observado nesse ano, o que torna os dados pouco fiáveis. Por outro lado, em 1998, foram registadas 46 ocorrências de branqueamento de corais, 50% das quais de gravidade elevada. Embora tenham sido registadas muitas observações nos anos 2004, 2005 e 2006, apenas uma percentagem comparativamente pequena das ocorrências foi de elevada gravidade (12,9%, 10,6% e 21,3%, respetivamente).

5.3 Modelos de eventos extremos

Os modelos de eventos extremos explorarão os potenciais impactos do aumento da SST no branqueamento dos corais. A Simulação de Monte Carlo utiliza dados históricos de SST para modelar uma simulação de 100 anos de SST projectada. Os dados de SST utilizados são medidos à superfície do mar em Glovers, Belize, de dezembro de 2000 a janeiro de 2010, conforme ilustrado graficamente na figura 32. Estes dados foram obtidos a partir do programa Coral Reef Watch da National Oceanic and Atmospheric Administration (NOAA) (NOAA, 2010c). Os dados primários foram obtidos a partir de medições efectuadas pelos satélites de órbita polar da NOAA.

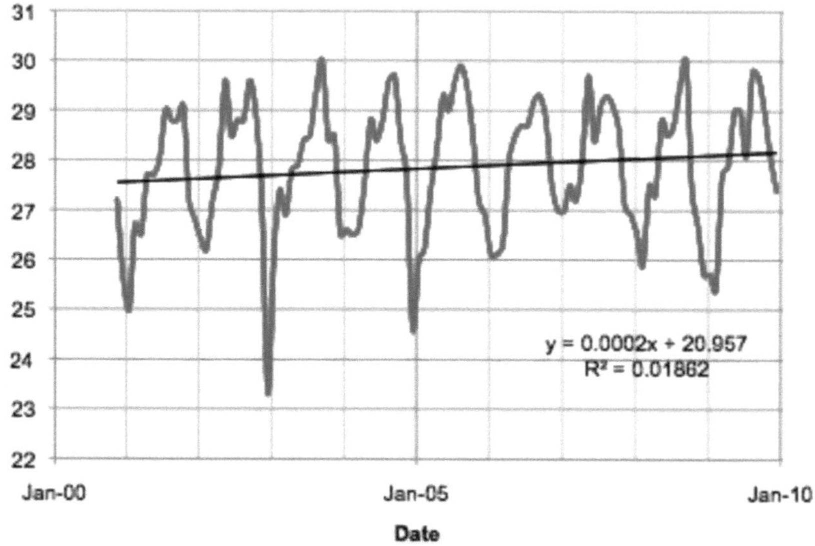

Figura 32: Temperaturas da superfície do mar para Glovers, Belize; dezembro de 2000 a janeiro de 2010. A linha de tendência linear mostra um pequeno aumento global da SST na região (NOAA, 2010c).

A Figura 32 mostra a SST registada em Glovers, Belize, de dezembro de 2000 a janeiro de 2010. O gráfico ilustra claramente a variação sazonal da SST no recife de Glovers, sendo a SST no inverno significativamente mais baixa do que no verão. A SST no inverno tem aumentado desde 2000. No período de dezembro de 2000 a janeiro de 2005, a SST atingiu valores inferiores a 25° C em três ocasiões, enquanto que, desde então, a SST tem permanecido acima desta temperatura. Por outro lado, a TSM no verão tem-se mantido relativamente estável desde dezembro de 2000. A linha de tendência apresentada na figura 32 mostra que a TSM global aumentou desde 2000. No entanto, os dados têm uma regressão bastante baixa de 0,01862, o que indica uma adaptação esparsa dos dados e, por conseguinte, uma linha de tendência relativamente insignificante.

5.3.1 Simulações de Monte Carlo

A Simulação de Monte Carlo utiliza a média, o intervalo e a forma de um conjunto de dados para criar um modelo de projeção de futuras alterações ambientais. Adicionando uma tendência como variável, podem ser efectuados vários conjuntos de Simulação de Monte Carlo com diferentes pressupostos. Os cinco conjuntos de simulações abaixo utilizam diferentes pressupostos sobre o futuro aumento da TSM.

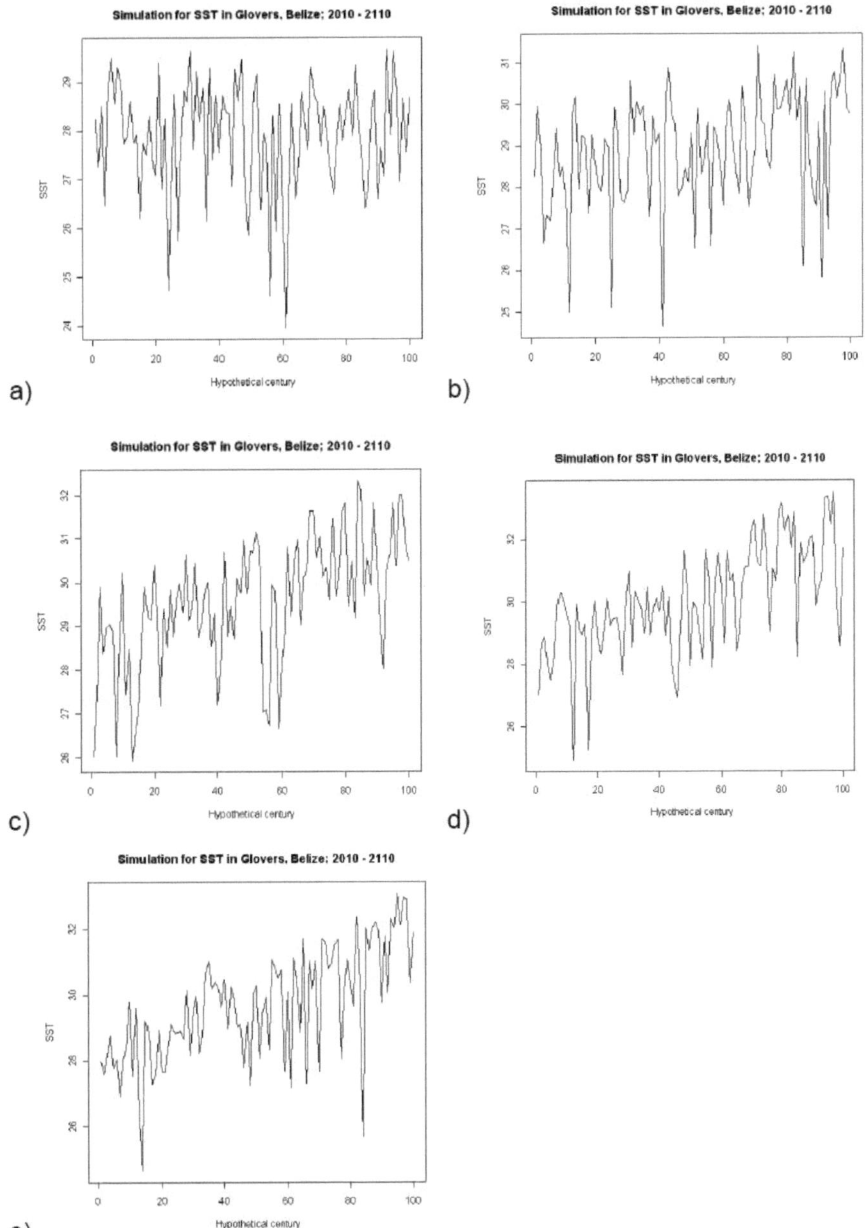

Figura 33: Simulação de Monte Carlo para a TSM (em° C) em Glovers durante o próximo século, (a) assumindo que não há alterações na TSM média anual; (b) assumindo um

aumento anual da TSM de 0,02° C; (c) assumindo um aumento anual da TSM de 0,03°C; (d) assumindo um aumento anual da TSM de 0,04° C; (e) assumindo um aumento anual da TSM de 0,031875° C (aumento projetado da TSM num cenário climático A2, de acordo com o INSMET)

A Figura 33(a) mostra a TSM projectada pela Simulação de Monte Carlo se não houver uma alteração média da TSM nos próximos 100 anos. A SST flutua substancialmente durante o período de 100 anos entre aproximadamente 24° C e 29,7° C. A Figura 33(b) mostra a simulação para um aumento médio da TSM de 0,02° C por ano. Tal como observado na figura 1, existem flutuações dramáticas na TSM nesta simulação, com a TSM a variar em quase 7° C. As figuras 33(c) e 33(d) e a figura 5 mostram simulações da TSM projectada com o pressuposto de um aumento de 0,03° C e 0,04° C, respetivamente. Ambas as simulações mostram flutuações significativas, com a TSM da última simulação a atingir quase 33° C em 2100. A Figura 33(e) mostra a simulação sob o pressuposto de um aumento da TSM de 0,031875° C, o aumento projetado para a região de acordo com o Instituto de Meteorologia da República de Cuba (INSMET, 2009).

Capítulo 6. Discussão

6.1 Explorar a relação entre a temperatura histórica da superfície do mar e as ocorrências de branqueamento desde 1990

Para compreender melhor o modo como as variações da temperatura da superfície do mar afectam o branqueamento dos corais, deve ser investigada a relação entre a TSM histórica (como ilustrado na figura 29) e o número de ocorrências de branqueamento registadas no sistema da Barreira de Coral Mesoamericana (como ilustrado na figura 30).

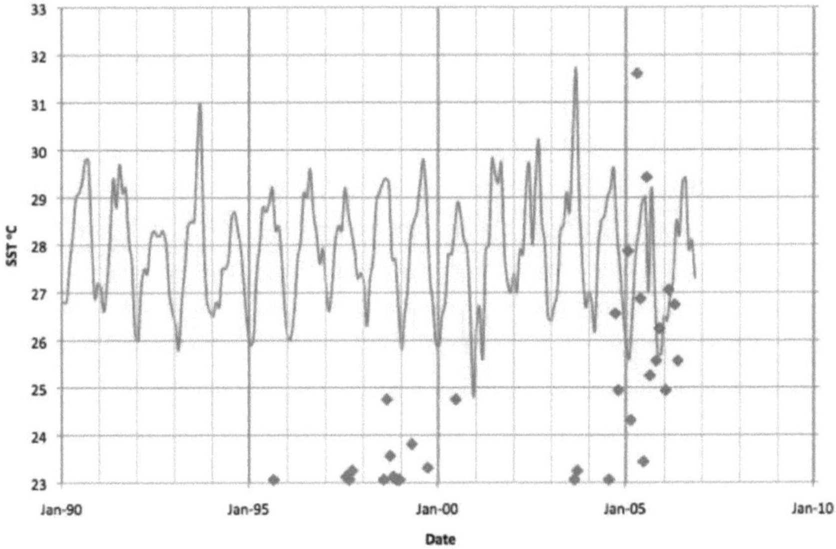

Figura 34: Relação entre a SST média mensal e as ocorrências de branqueamento de corais no MAR; 1990 - 2006 (NOAA, 2010e; ReefBase. 2007).

A figura 34 ilustra a correlação entre a SST histórica e o número de observações de branqueamento no MAR de 1990 a 2007. Embora tenham sido observadas duas ocorrências em 1990 e uma em 1993, estas não estão incluídas na figura 34, uma vez que a altura do ano e a gravidade são desconhecidas. Este facto é lamentável, uma vez que a SST média mensal máxima foi substancial em 1990 e muito elevada em 1993.

A primeira ocorrência significativa foi uma observação isolada em setembro de 1995. De agosto a outubro de 1997, foram observadas sete ocorrências no MAR, todas ao largo da costa da Península de Yucatán, no México. De 1997 a 1998, registou-se um aumento da média mensal da SST máxima, juntamente com um aumento dramático das observações de branqueamento. Em 2000, a TSM média mensal máxima não ultrapassou os 29° C durante todo o ano, o valor mais baixo desde 1990. Apesar disso, foram observadas 28 ocorrências de branqueamento de corais. Além disso, o inverno seguinte (2000-1) registou a média mensal mínima mais baixa de SST desde 1990, com temperaturas inferiores a 25° C. Desde este período até setembro de 2003, não se registaram ocorrências de branqueamento. No entanto, em 2003, registou-se uma TSM média mensal máxima invulgarmente elevada, dando início a uma série de cinco episódios de branqueamento durante os meses de setembro e outubro.

Apesar da SST invulgarmente elevada em meados de 2003, a SST média mensal máxima em 2004, 2005 e 2006 foi significativamente mais baixa. Esta observação é particularmente pertinente em 2005, ano em que a TSM média mensal não ultrapassou os 29,5° C. Surpreendentemente, 824 das 925 ocorrências de branqueamento registadas desde 1990 foram observadas durante estes três anos, tendo 538 ocorrido em 2005.

A época do ano em que foram observados pode fornecer uma possível explicação para o elevado número de ocorrências de branqueamento de 2004 a 2006. A Figura 34 mostra que as ocorrências de branqueamento de corais no MAR são tipicamente observadas durante os meses de verão e outono, quando a SST média mensal é mais elevada. No entanto, em 2005, e particularmente em 2006, muitas ocorrências de branqueamento foram observadas em fevereiro, março, maio e junho, como ilustrado na figura 35.

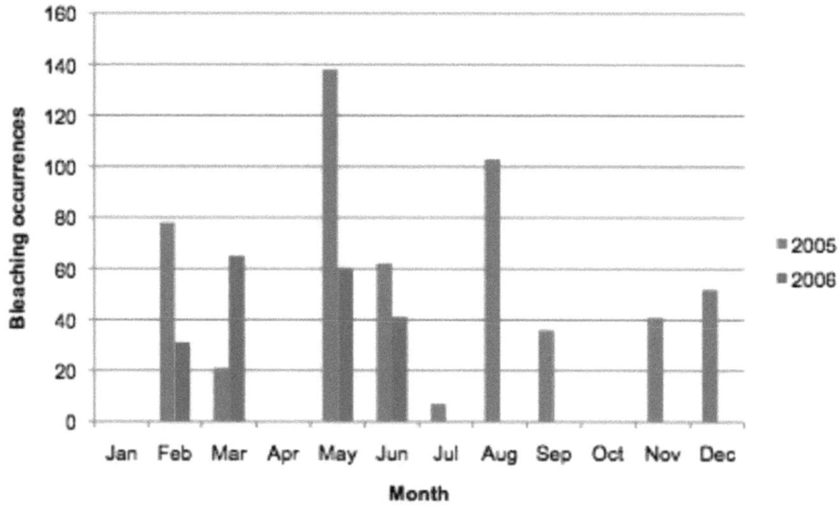

Figura 35: Número total de ocorrências de branqueamento observadas por mês em 2005 e

2006 no MAR (ReefBase, 2007)

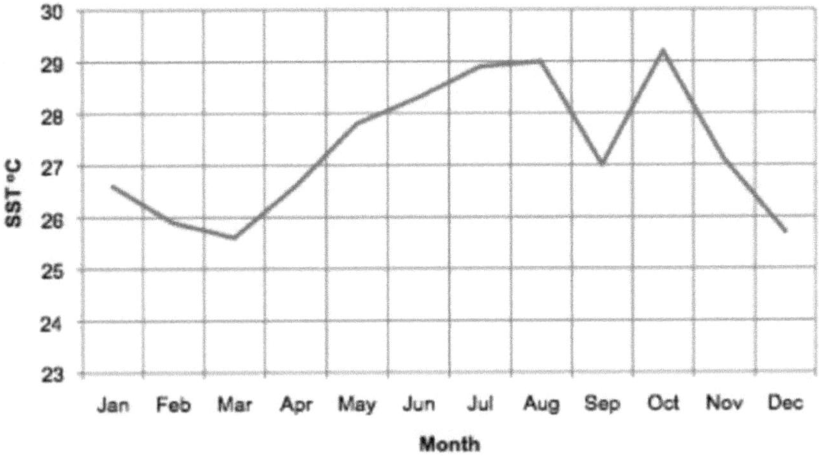

Figura 36: SST média mensal em 2005 (NOAA, 2010e)

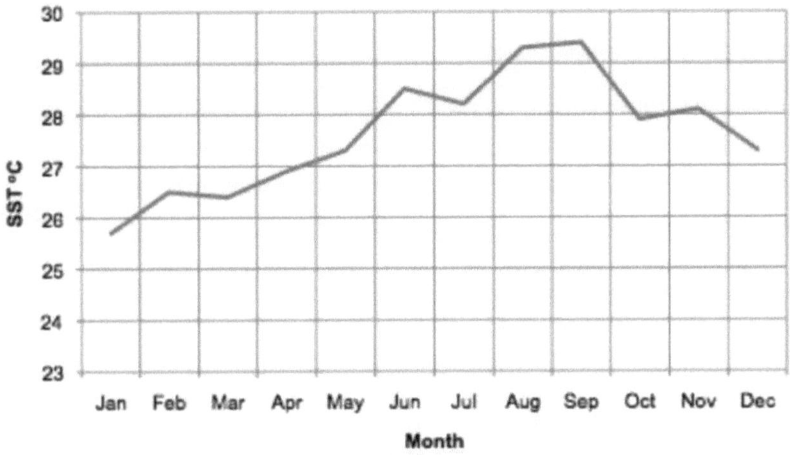

Figura 37: SST média mensal em 2006 (NOAA, 2010e)

As figuras 36 e 37 mostram a média mensal de SST registada no MAR em 2005 e 2006, respetivamente. Em 2005, não existe uma forte correlação entre a TSM e as ocorrências de branqueamento de corais. A maioria (299 de 538) das ocorrências de branqueamento são observadas na primeira metade do ano, apesar de uma TSM relativamente baixa registada neste período. Por outro lado, a TSM média mensal é muito mais elevada na segunda metade do ano, de julho a dezembro, altura em que foram registadas muito menos observações de branqueamento. Uma anomalia surpreendente mostrada na figura 6 é o facto de não ter havido branqueamento de corais em outubro de 2005, apesar de este mês ter registado a TSM média mensal mais elevada de 2005.

Como mostra a figura 37, a TSM média mensal segue uma tendência semelhante em 2006 relativamente a 2005. Em ambos os anos, a TSM é comparativamente baixa de janeiro a junho, antes de aumentar durante os meses de verão, atingindo um pico durante o outono e, finalmente, diminuindo de outubro até ao final do ano. No entanto, em 2006, existe uma forte correlação negativa entre a SST média mensal e o branqueamento dos corais. Todas as observações de branqueamento registadas vão de fevereiro a junho, enquanto a SST é relativamente baixa durante todo este período, sendo muito mais elevada em agosto e setembro.

Devido à ausência de uma forte correlação positiva entre a SST e o branqueamento de corais em 2005 e 2006, é possível concluir que a época do ano em que ocorre o branqueamento de corais não fornece uma explicação para o branqueamento excessivo observado durante os anos de SST máxima baixa.

6.2 Efeito do evento El Nino Oscilação Sul na temperatura da superfície do mar e no branqueamento dos corais

Stone *et al.* (1999) afirmam que os eventos de El Nino Oscilação do Sul no Pacífico influenciam as anomalias de SST noutras regiões do mundo, causando grandes eventos de branqueamento nas Caraíbas e no Oceano Índico durante os anos de El Nino. Por esta razão, é importante examinar o efeito potencial dos eventos El Nino na SST e no branqueamento de corais no MAR.

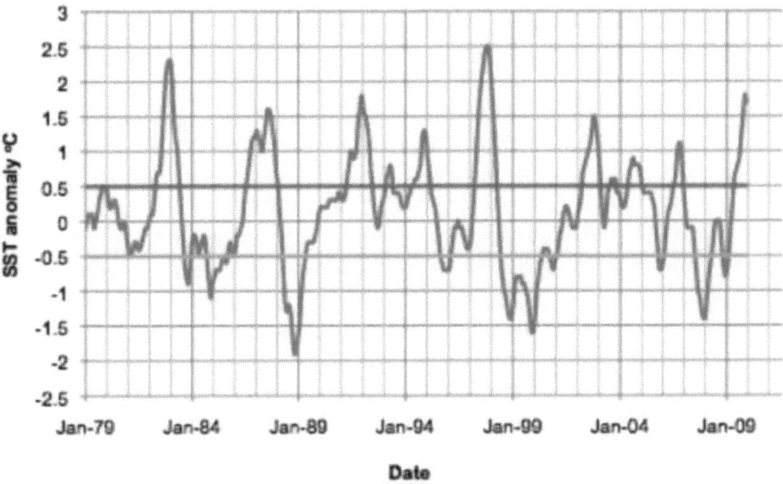

Figura 38: Registo de eventos El Nino de 1979 a 2010 (NOAA, 2010b). Os períodos em que as anomalias de SST excedem 0,5° C (marcados pela linha vermelha) são considerados eventos El Nino, enquanto os períodos em que as anomalias de SST caem abaixo de -0,5° C (marcados pela linha verde) são considerados eventos La Nina.

A Figura 38 mostra que dois grandes eventos El Nino ocorreram em 1982-3 e 1986-7 (NOAA, 2010b), causando um aquecimento substancial dos oceanos em todo o mundo (Garcia e Alvarez, 1990). A Figura 29 mostra um aumento significativo da TSM durante estes períodos, o que apoia a afirmação feita por Stone *et al.* (1999). No entanto, apesar da forte correlação positiva entre os eventos El Nino acima mencionados e o aumento da TSM, o enorme evento El Nino de 1997-8 não parece ter tido a mesma influência na TSM da região. A Figura 29 mostra que a TSM se manteve numa intensidade relativamente típica, com a média mensal máxima do período a atingir apenas 29,2° C em agosto de 1997. Este facto pode ser atribuído ao fenómeno La Nina que se seguiu apenas dois meses após o fim do fenómeno El Niño em maio de 1998. Este evento La Nina durou de julho de 1998 a fevereiro de 2001, o que justifica a SST particularmente baixa observada durante este período, particularmente durante o inverno de 2000-1, onde a SST atingiu uma média mensal mínima de 24,8° C, a mais baixa registada na região desde 1970 (NOAA, 2010e).

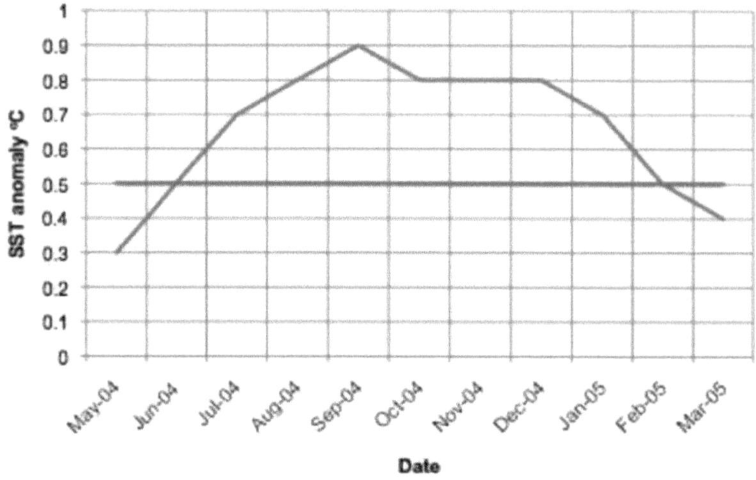

Figura 39: Anomalias de SST de maio de 2004 a março de 2005 mostrando o evento El Nino 2004-5 (NOAA, 2010b). A linha vermelha indica o limiar do El Nino a 0,5º C.

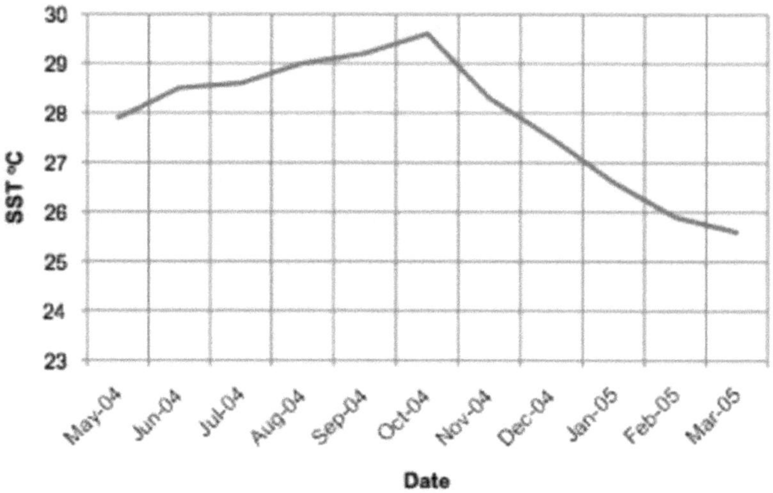

Figura 40: SST média mensal para Glovers, Belize, durante o evento El Nino de maio de 2004 a 2005 (NOAA, 2010e).

A figura 39 mostra as anomalias de TSM durante o evento El Nino de 2004-5 retratado na figura 38. O evento durou de junho de 2004 a fevereiro de 2005, causando um aquecimento significativo do oceano em todo o mundo, incluindo a região MAR. A figura 40 mostra a TSM registada em Glovers, Belize, durante o evento El Nino. Existe uma correlação positiva bastante forte entre a TSM medida em Glovers e as anomalias de TSM medidas no Pacífico Médio. As anomalias da TSM aumentam no Pacífico de maio a setembro de 2004, altura em que atingem um pico de temperatura. Do mesmo modo, a TSM em Glovers aumenta a partir de maio de 2004, mas atinge o seu máximo em outubro seguinte, um mês após o pico da anomalia da TSM no Pacífico. Esta diferença pode dever-se a um desfasamento temporal entre a SST do Pacífico e das Caraíbas durante um evento El Niño. Após o pico de medição em setembro de 2004, as anomalias da TSM no Pacífico diminuem, fazendo com que a TSM em Glovers diminua um mês mais tarde.

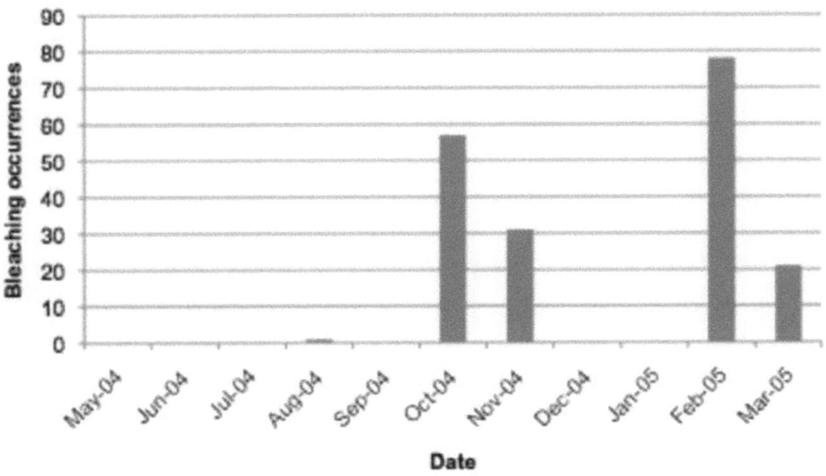

Figura 41: Ocorrências de branqueamento no MAR durante o evento El Nino de maio de 2004 a março de 2005 (ReefBase, 2007)

A figura 39 mostra que, no Pacífico, existe um aumento da anomalia da TSM até um pico de temperatura em setembro de 2004. No entanto, com exceção de uma ocorrência isolada em agosto, a figura 4 mostra que não há observações de branqueamento durante o evento até outubro de 2004, o mês em que as anomalias da TSM no Pacífico começam a diminuir. Das 188 ocorrências de branqueamento de corais observadas durante o evento El Nino, um total de 187 foram observadas após o pico da anomalia da TSM do Pacífico em setembro.

No entanto, o branqueamento dos corais é causado indiretamente por eventos El Nino. As anomalias extremas de SST que existem durante um evento El Nino provocam um aumento da SST nos oceanos de todo o mundo, o que, por sua vez, causa o branqueamento dos corais. A figura 40 mostra que a TSM é influenciada pelo fenómeno El Niño, mas a figura 41 não mostra uma correlação ou tendência clara entre o branqueamento dos corais e a TSM no Pacífico ou na zona marítima durante o fenómeno.

6.3 Eventos de branqueamento em massa no passado

Desde os primeiros registos no início dos anos 80, a frequência e a gravidade dos eventos de branqueamento em massa dos corais aumentaram drasticamente (Hoegh-Guldberg, 2005). Os três eventos mais significativos registados na MAR ocorreram em 1995, 1998 e 2005 (Garcia-Salgado *et al.*, 2008). O evento de branqueamento em massa de 2005 é o evento mais grave alguma vez registado nas Caraíbas, mas teve um efeito relativamente menor nos corais da MAR (Garcia-Salgado *et al.*, 2008). Em contraste, o evento de branqueamento em massa de 1998 resultou numa grande perda de corais nos recifes do MAR, que recuperaram pouco desde então (Garcia-Salgado *et al.*, 2008).

As figuras 42 e 43 mostram a relação entre a SST e o branqueamento de corais na região MAR em 1998.

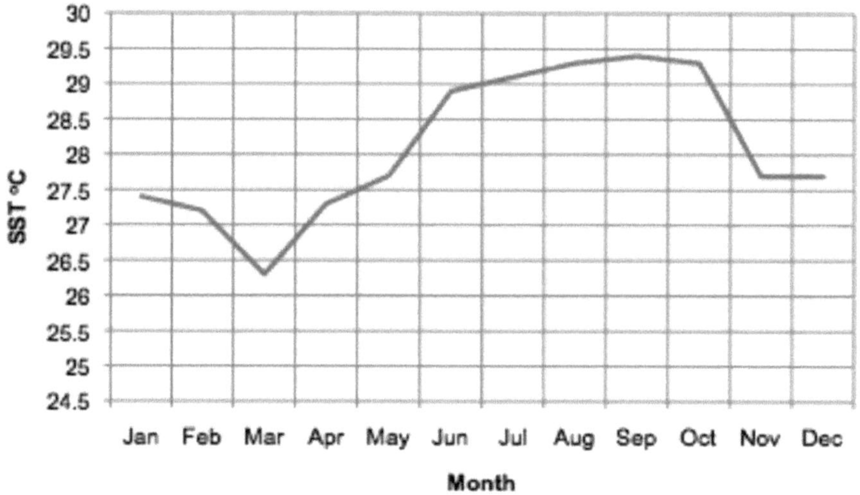

Figura 42: SST média mensal em 1998 (NOAA, 2010e)

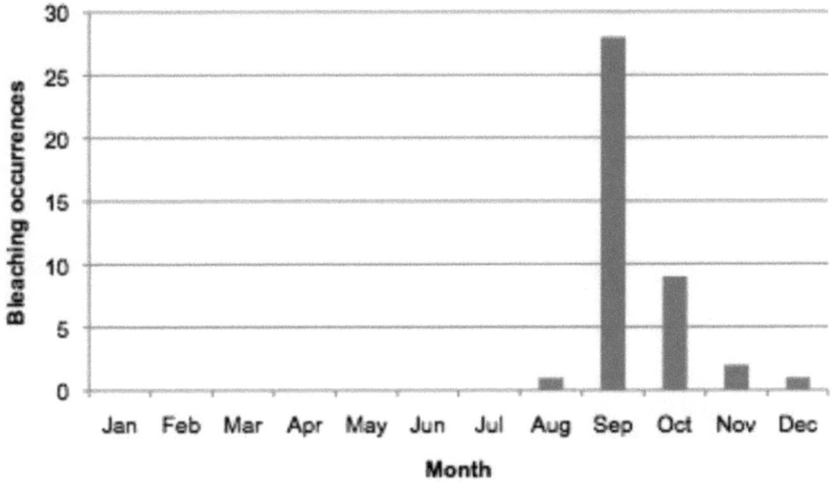

Figura 43: Número de ocorrências de branqueamento em 1998 (ReefBase, 2007)

Existe uma forte correlação entre a SST média mensal e as ocorrências de branqueamento de corais no MAR em 1998. A Figura 42 mostra uma TSM relativamente baixa mas crescente nos primeiros meses do ano. De junho a outubro, verifica-se uma TSM elevada e sustentada, antes de um declínio acentuado de outubro até ao final do ano. A figura 43 mostra o número de ocorrências de branqueamento observadas no MAR durante 1998. Todas as observações foram efectuadas nos últimos cinco meses do ano, durante ou logo após períodos de elevada TSM na região. A média mensal mais elevada de SST em 1998 foi registada em setembro, que foi também o pior mês do ano para o branqueamento de corais, com 28 ocorrências de branqueamento observadas. As figuras 42 e 43 mostram que, de setembro a dezembro, tanto a TSM como as ocorrências de branqueamento diminuem rapidamente.

Apesar desta clara correlação positiva, a figura 43 mostra que não foi observado qualquer branqueamento de corais durante os meses de junho e julho, um período de TSM significativamente elevada. Outra observação anómala é que a SST média mensal foi relativamente baixa em novembro e dezembro, mas foram observadas duas ocorrências de branqueamento em novembro e uma em dezembro. Estas anomalias podem ser devidas a um desfasamento temporal entre a TSM elevada e o branqueamento dos corais. Como mostram as figuras 40 e 41, também se observou um desfasamento entre a TSM elevada e o branqueamento dos corais durante o evento El Niño de 2004-5. Por conseguinte, pode haver uma confiança significativa de que o desfasamento observado em 1998 não é coincidência.

É importante indicar que 50% das ocorrências de branqueamento de corais registadas em 1998 foram de elevada severidade, a maior proporção de branqueamento severo alguma vez registada no MAR. Esta observação apoia o facto de que o evento de branqueamento em massa de 1998 foi o mais grave registado no MAR. O elevado número de pontos vermelhos apresentados na figura 44 mostra as ocorrências substanciais de branqueamento severo observadas em 1998.

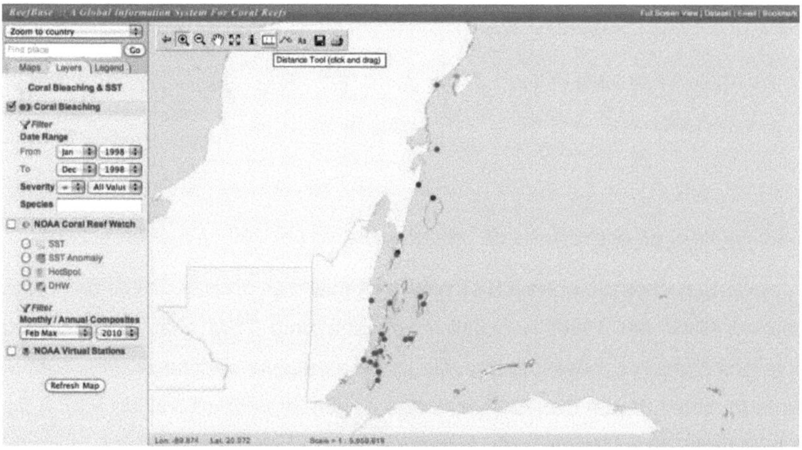

Figura 44: Observação das ocorrências de branqueamento de corais registadas no sistema da Barreira de Coral Mesoamericana em 1998.

O evento de branqueamento em massa de 1998-7 foi combinado com um furacão catastrófico no MAR que culminou numa redução substancial da cobertura de coral. O furacão Mitch ocorreu de outubro a novembro de 1998 (Michot *etal.,* 2002). A figura 45 mostra que o furacão se formou no sul das Caraíbas, antes de se deslocar na direção noroeste. O furacão ganhou força e acabou por se tornar uma tempestade de categoria 5 à medida que se deslocava em direção à costa nordeste das Honduras.

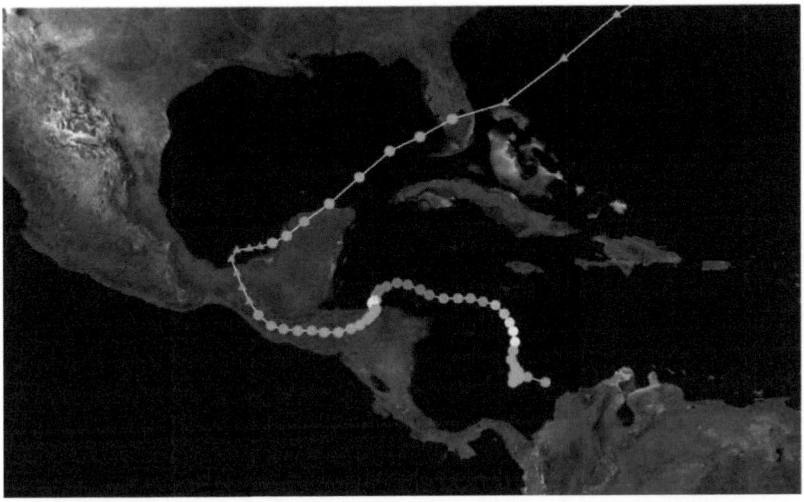

Figura 45: Trajetória do furacão Mitch desde a sua formação no sul das Caraíbas até ao seu destino final a nordeste da Florida; outubro a novembro de 1998 (NOAA, 2010a). Os pontos azuis indicam uma classificação de tempestade tropical, os pontos brancos um furacão de categoria 1, os pontos cor de laranja representam um furacão de categoria 2 a 4 e os pontos vermelhos representam um furacão de categoria 5.

Sendo uma tempestade de categoria 5, o olho do furacão passou apenas a alguns quilómetros a leste das ilhas da Baía das Honduras. No entanto, os danos físicos podem ter sido reduzidos ao mínimo devido ao facto de os recifes de coral na zona serem predominantemente constituídos por espécies robustas de coral-cabeça, como o coral-cérebro *(Diploria* sp.) e o coral-estrela *(Montastrea* sp.) (Reich *et al.*, 2001). Além disso, é possível que o furacão Mitch tenha evitado o branqueamento de corais nas ilhas da Baía durante a sua ocorrência em 1998, devido à ressurgência de águas oceânicas profundas que reduziu a TSM até 4° C (Reich *et al.*, 2001). A Figura 44 mostra que apenas duas ocorrências de branqueamento de corais foram observadas nas Ilhas da Baía, ambas de gravidade média. Este facto realça ainda mais a influência insignificante que o furacão Mitch teve nos recifes de coral da MAR.

Devido ao facto de o furacão Mitch não ter desempenhado um papel importante no branqueamento em massa de 1998, o branqueamento observado durante o evento pode ser atribuído ao efeito do El Niño de 1997-8 no aumento subsequente da SST no MAR.

6.4 Utilização de modelos de eventos extremos para investigar o efeito do aumento da temperatura da superfície do mar no branqueamento dos corais

Conforme projetado por Kattenberg *et al.* (1996), prevê-se que as temperaturas da superfície do mar aumentem significativamente em todo o mundo e especificamente na região MAR. Os modelos de fenómenos extremos são utilizados para modelar cenários climáticos futuros, tais como o aumento da TSM. Os seguintes modelos de fenómenos extremos são simulações de Monte Carlo que mostram o aumento da TSM projetado em Glovers, Belize, de 2010 a 2110, segundo três hipóteses diferentes de aumento médio anual da TSM. A partir daí, será possível determinar a influência do aumento da TSM no branqueamento de corais na região.

As figuras 46, 47 e 48 mostram um aumento global da TSM em Glovers de 2010 a 2110. Tal como referido por Pratchett et al. (2008), os recifes de coral funcionam extremamente perto do seu limite térmico superior e são, por isso, extremamente sensíveis às alterações ambientais. Fujita et al. (1992) afirmam que a TSM letal para os recifes de coral se situa entre 30 e 35° C. O branqueamento ocorre quando as temperaturas da superfície do mar no verão aumentam apenas 1° C durante 2-3 dias (Goreau e Hayes, 1994). Por esta razão, as simulações de Monte Carlo apresentadas nas figuras 46, 47 e 48 demonstram um grande risco para os recifes de coral nos próximos 100 anos.

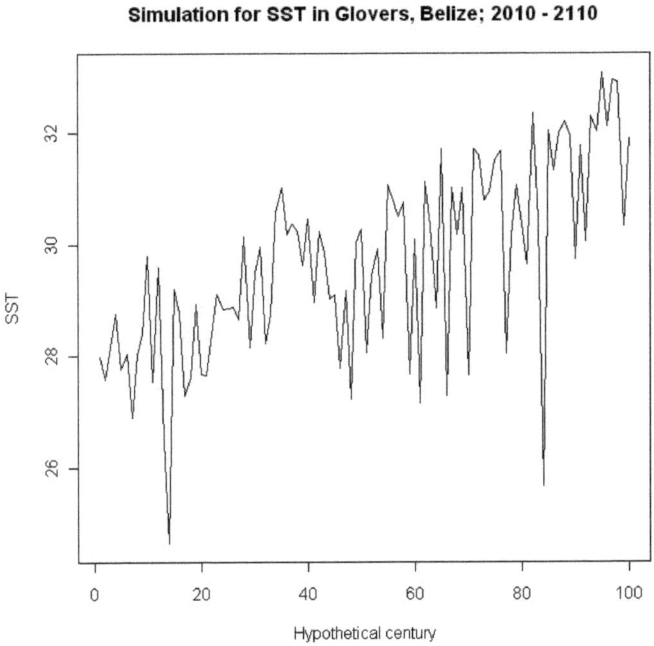

Figura 46: Simulação de Monte Carlo para a SST (emº C) em Glovers durante o próximo século, assumindo um aumento anual de 0,031875º C, o aumento médio projetado pelo INSMET (2009) num cenário climático A2.

A simulação apresentada na figura 46 é a SST projectada em Glovers, Belize, de 2010 a 2100, assumindo um aumento médio anual da SST de 0,031875º C, o aumento previsto pelo INMSET (2009). A simulação ilustra que não se prevê que a TSM desça abaixo de 25º C e só desce abaixo de 26º C em duas ocasiões. A simulação mostra que, nos próximos 30 a 40 anos, a TSM em Glovers aumentará substancialmente, ultrapassando os 30º C em várias ocasiões. Fujita *et al.* (1992) afirmam que 30º C é o limiar letal para os recifes de coral, pelo que se podem esperar fenómenos de branqueamento em massa graves e frequentes durante este período, com uma mortalidade generalizada dos corais. No entanto, dentro de 40 a 50 anos, a simulação prevê que a tendência da TSM média mensal diminuirá ligeiramente, mas continuará a ser consideravelmente mais elevada do que a TSM atual. A simulação mostra que, dentro de aproximadamente 70 a 80 anos, a TSM média mensal em Glovers será superior a 30º C na maioria das vezes. Embora os ecossistemas dos recifes de coral sejam notavelmente resistentes e possam regressar ao seu estado não branqueado (Pirrel *et al.*, 2008), uma TSM tão elevada e prolongada significará que os eventos de branqueamento em massa serão de extrema gravidade e frequência, o que significa que a recuperação dos corais será muito improvável. Como resultado, a extinção das espécies de coral será provável. Dentro de 90 a 100 anos, prevê-se que a SST média mensal de Glovers seja regularmente superior a 30° C, excedendo frequentemente 32° C.

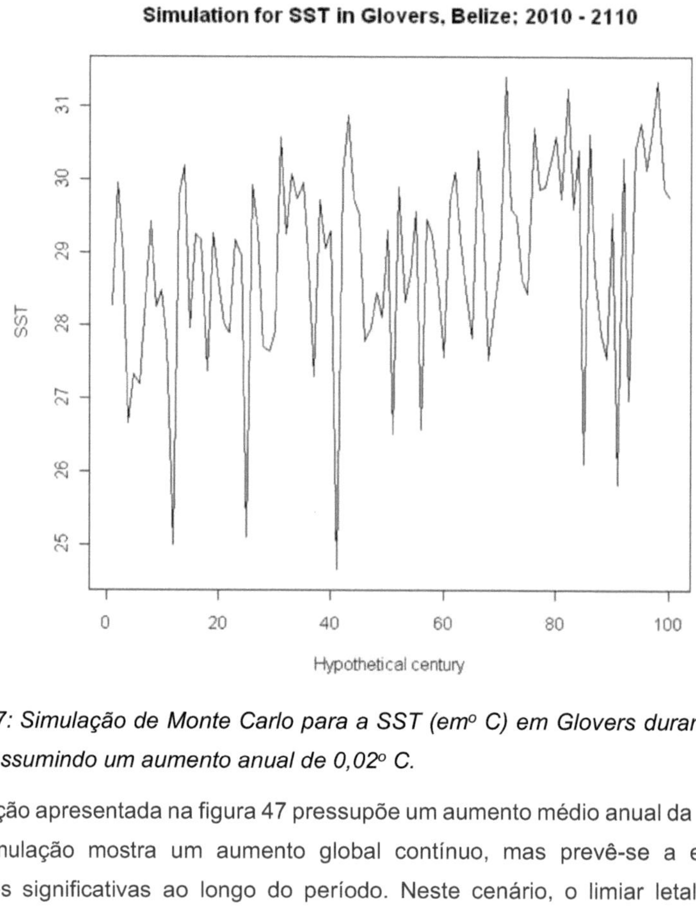

Figura 47: Simulação de Monte Carlo para a SST (em° C) em Glovers durante o próximo século, assumindo um aumento anual de 0,02° C.

A simulação apresentada na figura 47 pressupõe um aumento médio anual da SST de 0,02° C. A simulação mostra um aumento global contínuo, mas prevê-se a existência de flutuações significativas ao longo do período. Neste cenário, o limiar letal de 30° C é ultrapassado com muito menos frequência do que no cenário apresentado na figura 46. Consequentemente, é provável que os fenómenos de branqueamento em massa sejam menos graves e frequentes durante períodos de tempo equivalentes. A simulação também mostra que a TSM desce abaixo dos 25° C em mais ocasiões do que na simulação apresentada na figura 46. Mesmo nas últimas fases da simulação, a TSM raramente ultrapassa os 31° C. No entanto, os fenómenos de branqueamento em massa continuarão a ser substancialmente mais frequentes e intensos, sendo cada vez mais provável a mortalidade dos corais. Dentro de 90 a 100 anos, a TSM será regularmente superior a 30° C durante um período de tempo considerável, causando um branqueamento grave e generalizado dos corais e, potencialmente, uma extinção global.

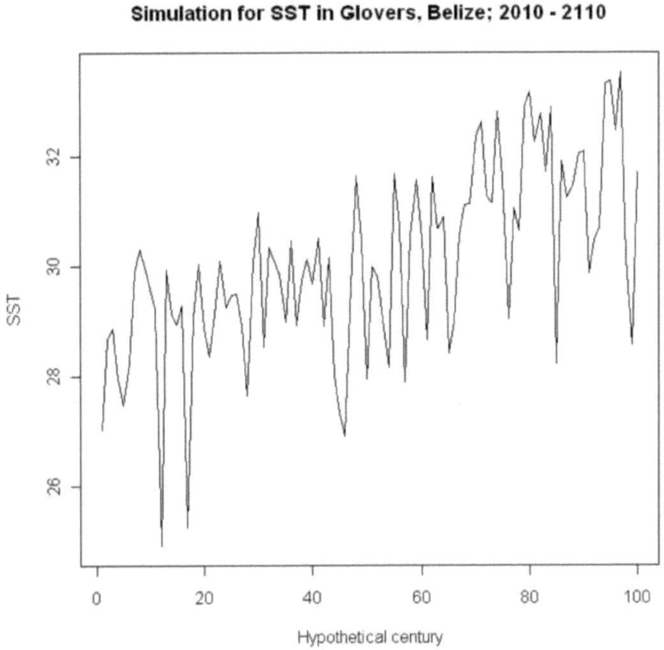

Figura 48: Simulação de Monte Carlo para a SST (em° C) em Glovers durante o próximo século, assumindo um aumento anual de 0,04° C.

A Figura 48 ilustra a simulação para Glovers, assumindo um aumento médio anual da SST de 0,04° C nos próximos 100 anos. A simulação representa um cenário de aumento extremo mas muito possível da TSM. À semelhança das figuras 46 e 47, a simulação apresentada na figura 3 mostra flutuações significativas, com variações de cerca de 5 ou 6° C. Em apenas 60 anos, prevê-se que a SST em Glovers ultrapasse os 30° C com maior frequência, resultando numa mortalidade grave dos corais e na sua provável extinção.

Tendo analisado os modelos de eventos extremos, é evidente que o aumento da SST terá uma influência substancial no branqueamento dos corais nos próximos 100 anos, mesmo que o aumento médio anual seja tão baixo quanto 0,2° C. No entanto, é de notar que os dados de SST registados no Belize foram obtidos durante um período de apenas 9 anos, pelo que projetar um período de 100 anos com base neste conjunto de dados relativamente limitado pode ser bastante impreciso.

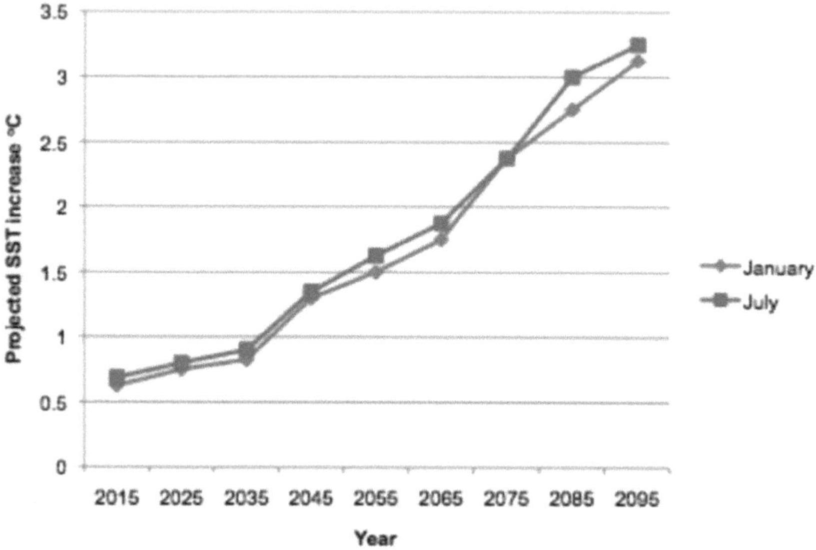

Figura 49: Aumento médio projetado da SST de 4 locais no MAR, a partir de uma linha de base de 1961-1990 (INSMET, 2009)

A Figura 49 retrata a média da SST projectada para janeiro e julho em Puerto Morelos, Banco Chinchorro, Glovers e Ilhas da Baía. Mostra um aumento dramático da TSM projectada no MAR. O aumento da SST em julho é consistentemente mais elevado do que o aumento projetado da SST em janeiro, exceto em 2075, quando o aumento projetado da SST é de 2,375° C para ambos os meses. Tal como nas simulações de Monte Carlo, a figura 49 mostra que haverá implicações graves para o branqueamento dos corais. No entanto, ao contrário das Simulações de Monte Carlo, não são apresentadas flutuações, apenas a TSM média de janeiro e julho a cada 10 anos. Como afirmado por Goreau e Hayes (1994), o branqueamento ocorre quando a SST aumenta apenas 1° C durante 1 a 2 dias. Aproximadamente de 2035 a 2040, este aumento de 1° C será excedido, resultando num branqueamento substancial de corais em massa na região.

A Figura 50 mostra que se prevê um aumento da temperatura na atmosfera e no oceano superior. Além disso, mostra que se prevê que as temperaturas da superfície do mar na latitude equivalente do Sistema de Barreiras de Coral Mesoamericano (que se estende de aproximadamente 16° 00' N a 21° 30' N) aumentem 1,5-2° C até 20802099. Apesar do facto de tanto esta projeção como a projeção apresentada na figura 49 preverem um aumento significativo da TSM, a figura 50 representa um pressuposto menos preciso da TSM na região MAR. Isto deve-se ao facto de representar a TSM no oceano aberto e, por conseguinte, é provável que o aumento da TSM na região MAR costeira seja significativamente diferente. Em contrapartida, o método utilizado para projetar a TSM em Glovers representa uma projeção mais precisa, uma vez que é específica para as águas costeiras mais quentes do MAR.

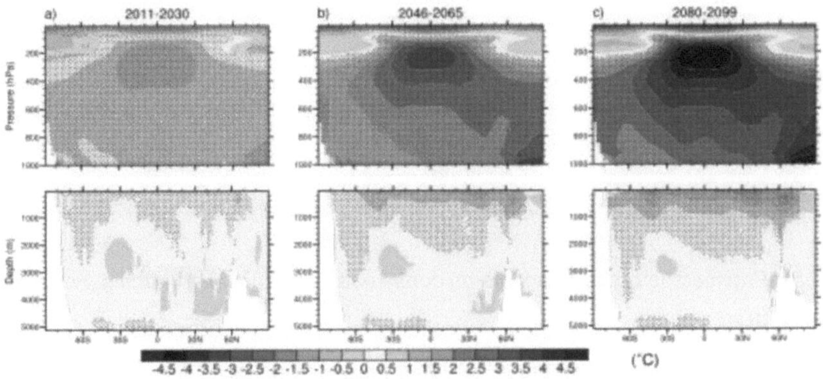

Figura 50: Alteração projectada das temperaturas atmosféricas e oceânicas globais em três períodos de tempo (Meehl et al., 2007).

A desvantagem de projetar a SST tão longe no futuro é o considerável nível de incerteza envolvido. As projecções a curto prazo são muito mais precisas, uma vez que as tendências de comportamento natural e antropogénico são mais previsíveis numa escala de tempo mais curta. A Figura 51 mostra as perspectivas de branqueamento dos corais de março a junho de 2010. É provável que esta projeção seja relativamente precisa devido à utilização de uma escala temporal de curto prazo.

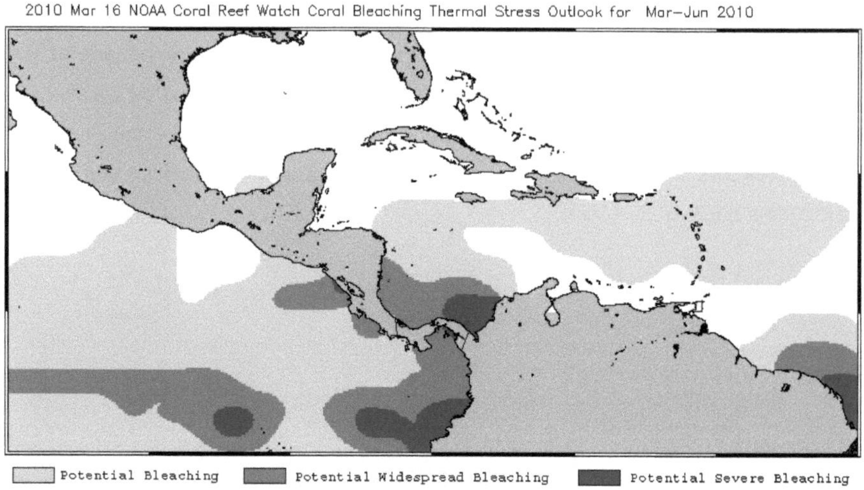

Figura 51: Previsão de branqueamento de corais nas Caraíbas para março a junho de 2010 (NOAA, 2010g).

A Figura 51 mostra que não se prevê qualquer branqueamento no MAR de março a junho de 2010, apesar de se prever um potencial branqueamento na maior parte da região das Caraíbas, com um branqueamento generalizado e grave também previsto em muitas partes da região. No entanto, o período de tempo que está a ser investigado é antes da época típica de branqueamento, quando a SST média é normalmente relativamente baixa. A desvantagem desta projeção é que o branqueamento só é projetado para três meses no futuro. Embora seja garantida uma grande precisão com um modelo como o apresentado na figura 51, não existe nenhum modelo de projeção a longo prazo para o branqueamento dos recifes de coral.

Capítulo 7. Conclusão

A SST tem vindo a aumentar no MAR desde 1970 e prevê-se que aumente drasticamente até 2110. A frequência e a gravidade do branqueamento dos corais têm vindo a aumentar desde 1990 e é provável que esta tendência ascendente se mantenha no futuro. Os modelos de fenómenos extremos mostram que o aumento da SST terá uma influência substancial no branqueamento dos corais. O aumento médio anual da TSM de 0,031875° C projetado pelo INSMET (2009) é suscetível de conduzir à extinção dos corais já em 2080. A investigação concluiu que existe uma forte relação entre a SST elevada e um aumento da gravidade e da frequência do branqueamento dos corais. No entanto, é evidente que existe um desfasamento temporal significativo. Foi demonstrado que a observação do branqueamento dos corais ocorre alguns meses após os registos de SST elevada em 1998 e durante o evento El Nino de 2004-5.

Apesar da forte correlação observada entre a SST e o branqueamento dos corais, foram identificadas muitas anomalias no decurso da investigação. Por exemplo, a SST máxima elevada observada em 2003 no MAR foi seguida de uma SST máxima significativamente mais baixa nos anos 2004 a 2006. Durante o período de 2004 a 2006, foram observadas 824 das 925 ocorrências de branqueamento registadas no MAR desde 1990, em comparação com apenas cinco ocorrências observadas em 2003. Depois de ter explorado esta observação anómala, verificou-se que a época do ano do branqueamento dos corais não explica o branqueamento excessivo observado durante os anos de baixa TSM máxima.

Agradecimentos

Em primeiro lugar, gostaria de agradecer à minha orientadora de projeto, a Dra. Maeve Lohan, por me ter guiado ao longo do projeto. Gostaria também de agradecer à minha família e amigos pela sua ajuda e apoio ao longo da investigação.

Referências

Birrell, C. L., McCook, L. J., Willis, B. L. e Diaz-Pulido, G. A. (2008). Effects of benthic algae on the replenishment of corals and the implications for the resilience of coral reefs. *Oceanography and Marine Biology - An Annual Review* **46**: 25-63

Fujita, R. M. e Epstein, M. S. (Environmental Defense Fund), Goreau, T. J. (Global Coral Reef Alliance) e Gjerde, K. (Environmental Solutions International) (1992). A Guide To Protecting Coral Reefs (Guia para a Proteção dos Recifes de Coral). [Em linha] http://www.edf.org/documents/496 ACFC6.htm [Acedido em 23 de março de 2010]

Garcia, G. C. e Alvarez, C. C. (1990). Radiação global e difusa (1978 - 1985): Evidence of El Nino and El Chichon, *Atmosfera,* **3**, 281 - 290

Glynn, P. W. (1996), Coral reef bleaching: facts, hypotheses and implications, *Global Change Biology* **2**: 495-509.

Goreau, T. J. e Hayes, R. L. (1994). Branqueamento de corais e "pontos quentes" oceânicos. *Ambio* **23**: 176 - 180

A Autoridade do Parque Marinho da Grande Barreira de Coral. *O que é o branqueamento dos corais? Governo australiano.* [Online]. Disponível em http://www.gbrmpa.gov.au/ [Acedido em 23 de março de 2010]

Hoegh-Guldberg, O. (2005). Baixa cobertura de corais num mundo com elevado teor de CO2. *Jornal de Investigação Geofísica* **110**: C09S06

Instituto de Meteorologia da República de Cuba (INSMET) (2009), Providing Regional Climates for Impact Studies (PRECIS) Caribe. [Online]. Disponível em http://precis. insmet.cu/eng/datos.htm l [Acedido em 23 de março de 2010]

Kattenberg, A., Giorgi, F., Grassl, H., Meehl, G. A., Mitchell, J. F. B., Stouffer, R. J., Tokioka, T., Weaver, A. J. e Wigley, T. M. L. (1996). Modelos climáticos - Projecções do clima futuro. *Climate Change 1995: The Science of Climate Change.* Cambridege University Press, Cambridge: 285-357

Kirk, J. T. O. (1985). Efeitos dos suspensóides (turbidez) na penetração da radiação solar em ecossistemas aquáticos. *Hydrobiologia* **125**: 195 - 208

Lohmann, G., Rimbu, N. e Dima, M. (2004). Climate signature of solar irradiance variations: analysis of long-term instrumental, historical and proxy data. *Jornal Internacional de Climatologia* **24**: 1045-1056

Marshall, P. e Schuttenberg, H. (2006). A Reef Manager's Guide to Coral Bleaching. ISBN # 1-876945-40-0. Autoridade do Parque Marinho da Grande Barreira de Corais. Townsville, Austrália. p165

Meehl, G.A., Stocker, W. D. C., Friedlingstein, P., Gaye, A. T., Gregory, J. M., Kitoh, A., Knutti, R., Murphy, J. M., Noda, A., Raper, S. C. B., Watterson, I. G., Weaver, A. J. e Zhao, Z. C. (2007). Projecções das alterações climáticas globais. *Climate Change 2007: The Physical Science Basis. Fourth Assessment Report of the Intergovernmental Panel on Climate Change,* Cambridge University Press, Cambridge, Reino Unido e Nova Iorque, NY, EUA.

Michot, T. C., Burch, J. N., Arrivillaga, A., Rafferty, P. S., Doyle, T. W. e Kemmerer, R. S. (2002). Impacts of Hurricane Mitch on Seagrass Bed and Associated Shallow Reef Communities along the Caribbean Coast of Honduras and Guatemala. *Relatório de Ficheiro Aberto do USGS* **03-181**: 65

Administração Nacional da Aeronáutica e do Espaço (NASA) (2010). *Visualizador Panoply NetCDF, HDF e GRIB. Instituto Goddard de Estudos Espaciais (GISS).* [Em linha]. Disponível em: http://www.giss.nasa.gov/tools/panoply/ [Acedido em 23 de março de 2010]

Centro Nacional de Investigação Atmosférica (NCAR) (2010). *O Conjunto Internacional de Dados Abrangentes sobre o Oceano e a Atmosfera (ICOADS Release 2.5).* [Em linha]. Disponível em: http://dss.ucar.edu/pub/coads/ [Acedido em 23 de março de 2010]

Administração Nacional Oceânica e Atmosférica (NOAA) (2005). *Regiões do El Nino. Centro de Previsão Climática. Serviço Nacional de Meteorologia.* [Online]. Disponível em: http://www.cpc.noaa.gov/products/analysis_monitoring/ensostuff/nino_regions_.shtml [Acedido em 23 de março de 2010]

Administração Nacional Oceânica e Atmosférica (NOAA) (2008a). *Metodologia, descrição do produto e disponibilidade de dados dos produtos de monitorização do branqueamento dos corais por satélite, operacionais e experimentais, do NOAA Coral Reef Watch (CRW). Coral Reef Watch.* [Em linha]. Disponível em: http://coralreefwatch.noaa.gov/satellite/methodology/methodology.html#vs [Acedido em 23 de março de 2010]

Administração Nacional Oceânica e Atmosférica (NOAA) (2008b). *Ocean Service Eductation.* [Online]. Disponível em: http://oceanservice.noaa.gov/education/kits/corals/media/supp_coral05a.html [Acedido em 23 de março de 2010]

Administração Nacional Oceânica e Atmosférica (NOAA) (2009). *Sistema Nacional de Arquivo e Distribuição de Modelos Operacionais (NOMADS).* [Online]. Disponível em: http://nomads.ncep.noaa.gov/ [Acedido em 23 de março de 2010]

Administração Nacional Oceânica e Atmosférica (NOAA) (2010a). *Centro de Serviços Costeiros.* [Online]. Disponível em: http://csc-s-maps-q.csc. noaa.gov/hurricanes/viewer. htm l [Acedido em 23 de março de 2010]

Administração Nacional Oceânica e Atmosférica (NOAA) (2010b). *Episódios de frio e calor por estação. Centro de Previsão Climática. Serviço Nacional de Meteorologia.* [Online]. Disponível em:

http://www.cpc.noaa.gov/products/analysis monitoring/ensostuff/ensoyears.s html [Acedido em 23 de março de 2010]

Administração Nacional Oceânica e Atmosférica (NOAA) (2010c). *Coral Reef Watch. Monitorização por satélite.* [Online]. Disponível em: http://coralreefwatch.noaa.gov/satellite/data nrt/timeseries/all Glovers.txt [Acedido em 23 de março de 2010]

Administração Nacional Oceânica e Atmosférica (NOAA) (2010d). *Laboratório de Investigação de Sistemas Terrestres. Divisão de Ciências Físicas.* [Online]. Disponível em: http://www.esrl.noaa.gov/psd/data/gridded/data.coads.2deg.html [Acedido em 23 de março de 2010]

Administração Nacional Oceânica e Atmosférica (NOAA) (2010e). *Laboratório de Investigação de Sistemas Terrestres. Divisão de Ciências Físicas.* [Em linha]. Disponível em: http://www.esrl.noaa.gov/psd/cgi-bin/db search/SearchMenus.pl [Acedido em 23 de março de 2010]

Administração Nacional Oceânica e Atmosférica (NOAA) (2010f). *Produtos do branqueamento de corais nas Grandes Caraíbas. Coral Reef Watch.* [Online]. Disponível em: http://coralreefwatch.noaa.gov/satellite/virtual stations/greater caribbean.html [Acedido em 23 de março de 2010]

Administração Nacional Oceânica e Atmosférica (NOAA) (2010g). *Perspetiva do stress térmico do branqueamento sazonal dos corais. Coral Reef Watch.* [Online]. Disponível em: http://coralreefwatch.noaa.gov/satellite/bleachingoutlook/index.html [Acedido em 23 de março de 2010]

Peireira, N. (2008). Oceanos em risco de perda de recifes. *Current Science* **95**: 822

Pelley, J. (2006). O sistema de alerta precoce pode ajudar os recifes de coral a recuperar do branqueamento. *Environmental Science and Technology* **40**: Issue 24: 638

Pratchette, M. S., Munday, P. L., Wilson, S. K., Graham, N. A. J., Cinner, J. E., Bellwood, D. R., Jones, G. P., Polunin, N. V. C. e McClanahan, T. R. (2008). Effects of climate-induced coral bleaching on coral reef fishes - ecological and economic consequences (Efeitos do branqueamento de corais induzido pelo clima nos peixes dos recifes de coral - consequências ecológicas e económicas). *Oceanografia e Biologia Marinha - Uma Revisão Anual* **46**: 251 -296

Reaka-Kudla, M. L. (1997). The global biodiversity of coral reefs: a comparison with rainforests (A biodiversidade global dos recifes de coral: uma comparação com as florestas tropicais). *Biodiversity II: Understanding and Protecting our Biological Resources*: 83 - 108

ReefBase (2007). *ReefGIS - Localização dos recifes de coral - Mapa de base dos recifes.* [Em linha] Disponível em: http://reefgis.reefbase.org/ [Acedido em 23 de março de 2010]

ReefBase (2010a). *GIS & Mapas: Sobre o ReefGIS.* [Online]. Disponível em: http://www.reefbase.org/gis maps/default.aspx [Acedido em 23 de março de 2010]

ReefBase (2010b). *Centro de Recursos: Relatório sobre branqueamento.* [Online]. Disponível em: http://www.reefbase.org/contribute/bleachingreport.aspx [Acedido em 23 de março de 2010]

ReefBase (2010c). *ReefGIS: Definições de conjuntos de dados.* [Online]. Disponível em: http://reefgis.reefbase.org/datadefinitions.aspx [Acedido em 23 de março de 2010]

Reich, C., Halley, R. e Hickey, D. (2001). Coral Reefs in Honduras: Status after Hurricane Mitch. *US Geological Survey Open-File Report* **10-133**: 4. [Online]. Disponível em: http://coastal.er.usgs.gov/publications/ofr/01-133/mitch.pdf [Acedido em 23 de março de 2010]

Salgado-Garcia, M., Nava-Martinez, G., Bood, N., McField, M., Molina-Ramirez, A., Yanez-Rivera, B., Jacobs, N., Shank, B., Vasquez, M., Majil, I., Cubas, A., Dominguez-Calderon, J. J. e Arrivillaga, A. (2008). 18. Status of coral reefs in the Mesoamerican region. *Status of Coral Reefs of the World: 2008 Report:* 253 - 264

Sheppard, C. e Rioja-Nieto, R. (2005). Temperatura da superfície do mar 1871-2099 em 38 células na região das Caraíbas. *Investigação Ambiental Marinha* **60**: 389-396

Stachowicz, J. J. (2001). Mutualismo, facilitação e a estrutura das comunidades ecológicas. *BioScience* **51**: 235 - 246

Stone, L., Huppert, A., Rajagopalan, B., Bhasin, H. e Loya, Y. (1999). Branqueamento em massa dos recifes de coral: um resultado recente do aumento da atividade do El NinAo? *Ecology Letters* **2**: 325 - 330

The Summit Foundation (2002). Áreas programáticas - conservação do Recife Mesoamericano. [Online]. Disponível em http://www.summitfdn.org/foundation/programs/reef-conservation.html [Acedido em 23 de março de 2010]

TerraMetrics (2010). *TruEarth 15-metre Global Imager.* [Online]. Disponível em: http://maps.google.co.uk/maps?hl=en&tab=vl (Acedido em 23 de março de 2010]

Trenberth, K. E., Jones, P. D., Ambenje, P., Bojariu, R., Easterling, D., Klein Tank, A., Parker, D., Rahimzadeh, F., Renwick, J. A., Rusticucci, M., Soden, B. e Zhai, P. (2007). Observations: Surface and Atmospheric Climate Change. *Climate Change 2007: The Physical Science Basis. Fourth Assessment Report of the Intergovernmental Panel on Climate Change,* Cambridge University Press, Cambridge, Reino Unido e Nova Iorque, NY, EUA.

Wick, G. A. e Donlon, C. J. (2005). Resumo dos resultados do workshop de alta resolução SST e do projeto-piloto GODAE de alta resolução SST. *Laboratório de Tecnologia Ambiental da Administração Nacional Oceânica e Atmosférica (NOAA), Ispra, Itália.* [Em linha]. Disponível em: http://icoads.noaa.gov/advances/wick.pdf [Acedido em 23 de março de 2010].

Wilkinson, C. e Souter, D. (2008). Status of Caribbean coral reefs after bleaching and hurricanes in 2005 (Estado dos recifes de coral das Caraíbas após o branqueamento e os furacões de 2005). *Rede Mundial de Monitorização dos Recifes de Coral e Centro de Investigação dos Recifes e das Florestas Tropicais*, Townsville. p152

Wooldridge, S. A. (2009). Qualidade da água e limiares de branqueamento de corais: Formalização da ligação para os recifes costeiros da Grande Barreira de Coral, Austrália. *Marine Pollution Bulletin* **58**: Issue 5: 745 - 751

MIX
Papier aus verantwortungsvollen Quellen
Paper from responsible sources
FSC® C105338

Printed by Books on Demand GmbH, Norderstedt / Germany